跟着电网企业劳模学 系列培训教材

带电检测红外诊断应用

国网浙江省电力有限公司　组编

中国电力出版社

CHINA ELECTRIC POWER PRESS

内 容 提 要

本书对 DL/T 664—2016《带电设备红外诊断应用规范》中每一个要点进行了解释说明，以条文解读的形式组织编写而成。在此基础上，本书还结合现场实际情况对红外设备选型、功能解说、使用要求、材质甄别、诊断方法等进行了详细解说，旨在辅助专业人员使用、指导零基础人员快速掌握红外检测技术，正确诊断设备故障。

本书共三章，第一章介绍红外诊断技术的发展历程、基本知识和机理；第二、三章结合现场实例，对 DL/T 664—2016《带电设备红外诊断应用规范》的正文和附录分别进行了解读；附录给出红外诊断相关介绍视频链接，扫描二维码即可观看。

本书立足电力设备红外诊断实际展开论述分析，结合大量图片及实例进行辅助说明，具有较强的实用性和指导性，可供变电运检技术人员及相关管理人员使用，亦可为变电运检专业培训及相关专业人员自学提供参考借鉴。

图书在版编目（CIP）数据

带电检测红外诊断应用 / 国网浙江省电力有限公司组编. -- 北京：中国电力出版社，2022.7
跟着电网企业劳模学系列培训教材
ISBN 978-7-5198-6644-0

Ⅰ．①带… Ⅱ．①国… Ⅲ．①电力设备－带电测量－红外线检测－技术培训－教材 Ⅳ．① TM93

中国版本图书馆 CIP 数据核字（2022）第 055065 号

出版发行：中国电力出版社
地　　址：北京市东城区北京站西街 19 号（邮政编码 100005）
网　　址：http://www.cepp.sgcc.com.cn
责任编辑：邓慧都
责任校对：黄　蓓　李　楠
装帧设计：张俊霞　赵姗姗
责任印制：石　雷

印　　刷：三河市万龙印装有限公司
版　　次：2022 年 7 月第一版
印　　次：2022 年 7 月北京第一次印刷
开　　本：710 毫米 ×980 毫米　16 开本
印　　张：13
字　　数：185 千字
印　　数：0001—1000 册
定　　价：68.00 元

丛书序

国网浙江省电力有限公司在国家电网公司领导下，以努力超越、追求卓越的企业精神，在建设具有卓越竞争力的世界一流能源互联网企业的征途上砥砺前行。建设一支爱岗敬业、精益专注、创新奉献的员工队伍是实现企业发展目标、践行"人民电业为人民"企业宗旨的必然要求和有力支撑。

国网浙江公司为充分发挥公司系统各级劳模在培训方面的示范引领作用，基于劳模工作室和劳模创新团队，设立劳模培训工作站，对全公司的优秀青年骨干进行培训。通过严格管理和不断创新发展，劳模培训取得了丰硕成果，成为国网浙江公司培训的一块品牌。劳模工作室成为传播劳模文化、传承劳模精神，培养电力工匠的主阵地。

为了更好地发扬劳模精神，打造精益求精的工匠品质，国网浙江公司将多年劳模培训积累的经验、成果和绝活，进行提炼总结，编制了《跟着电网企业劳模学系列培训教材》。该丛书的出版，将对劳模培训起到规范和促进作用，以期加强员工操作技能培训和提升供电服务水平，树立企业良好的社会形象。丛书主要体现了以下特点：

一是专业涵盖全，内容精尖。丛书定位为劳模培训教材，涵盖规划、调度、运检、营销等专业，面向具有一定专业基础的业务骨干人员，内容力求精练、前沿，通过本教材的学习可以迅速提升员工技能水平。

二是图文并茂，创新展现方式。丛书图文并茂，以图说为主，结合典型案例，将专业知识穿插在案例分析过程中，深入浅出，生动易学。除传统图文外，创新采用二维码链接相关操作视频或动画，激发读者的阅读兴趣，以达到实际、实用、实效的目的。

三是展示劳模绝活，传承劳模精神。"一名劳模就是一本教科书"，丛书对劳模事迹、绝活进行了介绍，使其成为劳模精神传承、工匠精神传播的载体和平台，鼓励广大员工向劳模学习，人人争做劳模。

丛书既可作为劳模培训教材，也可作为新员工强化培训教材或电网企业员工自学教材。由于编者水平所限，不到之处在所难免，欢迎广大读者批评指正！

最后向付出辛勤劳动的编写人员表示衷心的感谢！

丛书编委会

前　言

　　近年来，红外热成像等带电检测技术在电力系统中得到了普遍应用，已经成为在不停电条件下精准发现设备过热等缺陷的有力手段。利用红外热成像技术对高压电气设备进行带电检测，有利于及时发现设备发热部位，及时判别发热原因，减少非计划停电，为检修决策提供依据，进一步提升电力设备安全管控水平，保障更优质可靠的电力供应，更好地服务经济社会发展和人民美好生活需要。

　　为了加强带电检测人才队伍培养，提升相关专业技术及管理人员对设备发热缺陷的分析诊断能力和检修决策水平，国网浙江省电力有限公司组织编写了《跟着电网企业劳模学系列培训教材　带电检测红外诊断应用》，通过对 DL/T 664—2016《带电设备红外诊断应用规范》的深度解析和案例说明，辅助相关专业人员使用。与此同时，帮助零基础人员快速掌握红外检测技术，能够正确选择和使用红外检测装备，精确诊断设备故障，提高电网故障诊断效率，从而提升电网安全管控水平。

　　本书以条文解读的形式，对 DL/T 664—2016《带电设备红外诊断应用规范》（简称《规范》）中的每一个要点进行了解释说明，结合现场实际情况在红外设备选型、功能解说、使用要求、材质甄别、诊断方法方面进行了详尽的解说。

　　全书共三章，分别为红外诊断技术概述、《规范》（正文）解读、《规范》（附录）解读。本书立足电力设备的实际工作场景，结合红外诊断技术展开论述分析，引用了大量实例进行了辅助说明，对于变电运检技术人员专业技能的提升、管理人员安全管控能力的加强以及变电运检专业培训及相关专业人员自学均具有较强指导意义。

　　本书在编写过程中得到了诸多带电检测技术专家的帮助和支持，国网浙江省电力有限公司嘉兴供电公司的一线运检人员提供了宝贵的现场经验和指导，浙江红相科技股份有限公司、浙江黑卡电气有限公司给予了大力支持，在此一并表示感谢。
　　全书编写完成后，编写组广泛收集意见并充分讨论，其间几易其稿，力求内容的严谨和准确。由于编者水平有限，书中难免出现疏漏和不足之处，敬请广大读者批评指正。

编　者

目　录

丛书序

前言

第一章　红外诊断技术概述 ……………………………………………………… 1

　第一节　红外诊断技术发展 ……………………………………………… 2

　第二节　红外诊断技术基础知识 ………………………………………… 5

　第三节　带电设备红外诊断基本机理 …………………………………… 9

第二章　《规范》正文解读 ……………………………………………………… 17

　第一节　范围 ……………………………………………………………… 18

　第二节　规范性引用文件 ………………………………………………… 20

　第三节　术语和定义 ……………………………………………………… 21

　第四节　现场检测要求 …………………………………………………… 32

　第五节　现场操作方法 …………………………………………………… 44

　第六节　仪器管理和检验 ………………………………………………… 53

　第七节　红外检测周期 …………………………………………………… 67

　第八节　判断方法 ………………………………………………………… 74

　第九节　诊断判据 ………………………………………………………… 80

　第十节　缺陷类型的确定及处理方法 …………………………………… 81

第三章　《规范》附录解读 ……………………………………………………… 85

　第一节　附录A风级、风速的关系 ……………………………………… 86

　第二节　附录B检测仪器基本要求 ……………………………………… 88

　第三节　附录C红外通用数据文件存储格式 …………………………… 107

　第四节　附录D常用材料辐射率的参考值 ……………………………… 114

第五节　附录 E 旋转电机类设备缺陷诊断方法与判据 ····················· 118

第六节　附录 F 电气设备红外检测管理及检测报告 ····················· 124

第七节　附录 G 高压开关设备和控制设备各种部件、材料和绝缘介质
　　　　的温度和温升极限 ································· 130

第八节　附录 H 电流致热型设备缺陷诊断判据 ····················· 133

第九节　附录 I 电压致热型设备缺陷诊断判据 ····················· 149

第十节　附录 J 电气设备缺陷部分典型红外热图像 ····················· 159

附录　红外诊断相关介绍视频链接 ································· 195

创新能手　管理专家

——记国网浙江电力劳动模范周刚

周刚

男，1966 年 11 月出生，浙江湖州人。大学本科学历，中共党员，高级工程师，高级技师，国网浙江省电力有限公司嘉兴供电公司"周刚劳模创新工作室"负责人。

周刚先后被授予国家电网有限公司劳动模范；浙江工匠、浙江省质量工匠、国网浙江省电力有限公司三级专家、劳动模范、首席工匠、首席技师、十佳技术创新能手、十佳创客、嘉兴市发明家等称号。获 380 余项专利，发表 SCI、EI、技术论文 150 余篇。担任国家级 QC 活动评委，长期担任全国电力行业、浙江省质量管理小组活动评委；领衔以其名字命名的 QC 小组，连续 11 年获得全国优秀质量管理小组、全国质量活动 40 周年"标杆 QC 小组"。主持国家电网有限公司、浙江省等各级科技项目 60 余项，其中获得全国电力行业、国家电网有限公司、浙江省人民政府、国网浙江省电力有限公司等省级以上科技进步奖、技术发明奖等 30 余项。主持、参与行标、团标、企标 10 余项；主编、参编各类培训教材、专著 20 余本，分别在中国电力出版社、浙江大学出版社等出版；主持撰写国家电网网络大学培训教材 7 项。

"周刚劳模创新工作室"立足生产实际，秉持"以人为本、高度定制、创培一体、知行合一"的原则，首创"人才孵化工厂"，专注培养技术精湛、技能精益的复合型、智慧型人才，为企业全面贯彻国家电网有限公司战略、全面建设新型电力系统作出重要贡献。2020年，"周刚劳模创新工作室"被命名为"国网浙江省电力有限公司劳模创新工作室示范点"；2021年，被命名为"浙江省高技能人才（劳模）创新工作室"。

第一章

红外诊断技术概述

第一节　红外诊断技术发展

一、红外线的概念

红外线（Infrared Ray，IR）是频率介于可见光与微波之间的电磁波。电磁波根据不同的波段，划分为可见光和不可见光，而不可见光又包括红外线、紫外线、微波、X射线、γ射线等。电磁波的光谱图如图1-1所示。

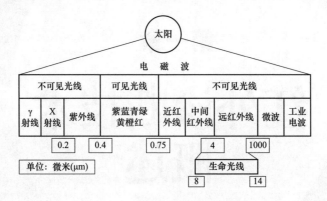

图 1-1　电磁波的光谱图

红外线波长在760nm～1mm是光谱图中的不可见光线，因此无法用肉眼直接观察，需要借助红外线摄像机等光学设备，将接收的红外线转化为可见的绿光，来实现红外线的可视化。

二、红外线技术的发展历史

1800年，英国物理学家赫胥耳（William Herschel）利用太阳光谱色散实验发现了红外线，如图1-2所示。赫胥耳将直射的太阳光穿过一个玻璃棱镜，生成光谱，然后用温度计测量每种颜色的温度。赫胥耳发现从紫色到红色的光谱波段，温度会逐渐升高，而且在红色光谱以上的区域竟然是所有光谱中温度最高的一部分。这部分区域由于其热量辐射，是无法被人类肉眼探测到的，属于不可见光区域。赫胥耳将这种不可见辐射命名为

"发热的射线",现在我们称之为红外线。红外线的发现是人类对自然认识的一次飞跃,为研究、利用和发展红外技术领域开辟了一条全新的广阔道路。

图 1-2　赫胥耳发现红外光图

1870 年,美国天文学家兰利(Langley,Samuel Pierpont)制成了面积只有针孔大小的探测器,并用凹面反射光栅、岩盐及氟化物棱镜来提高测量色散的能力,这为红外应用的重要方面——航空摄影奠定了基础。1881年他发明了测辐射热计,这种仪器用于精密测定微量的热(达十万分之一度的温差),由一根涂黑的白金丝受热所产生的电流大小来度量。为了纪念他,就把每平方厘米 1 卡的辐射单位叫作 1 兰利。

1904 年,近红外开始应用于摄影领域。

1929 年,德国科学家科勒(Koller)发明了银氧铯(Ag-O-Cs)光电阴极,这是一种对可见光和近红外灵敏的光电阴极,利用这种光电阴极,人们制成了第一只电视摄像管和红外变像管,开创了红外成像器件的先河。

20 世纪 30 年代中期,荷兰、德国、美国各自独立研制成红外变像管,

3

并将红外夜视系统应用于实战。

1940 年前后现代的红外技术真正出现。当时，德国研制成硫化铅和几种红外透射材料，利用这些元部件制成一些军用红外系统，如高射炮用导向仪、海岸用船舶侦察仪、船舶探测和跟踪系统，机载轰炸机探测仪和火控系统等。其中有些达到实验室试验阶段，有些已小批量生产，但都未来得及实际使用。

1964 年美国得克萨斯仪器公司（TI）首次研制成功第一代热红外成像装置，即红外前视系统。该装置的原理是利用光学元件对目标的热辐射进行图像分解扫描，然后应用光电探测器进行光电转换，形成视频图像信号，并在屏幕上显示。

20 世纪 60 年代中期，瑞典 AGA 公司和瑞典国家电力局在红外前视系统的基础上开发了具有温度测量功能的热红外成像装置，这种第二代红外成像装置通常称为热像仪。

20 世纪 90 年代，出现了制冷型和非制冷型的焦平面红外热成像装置，这是一种最新一代的红外电视产品，可以进行大规模的工业化生产，把红外热像的应用提高到一个新的阶段。

现代红外探测器技术是从 20 世纪 40 年代的制冷光子型单元红外探测器开始的，后来发展出线列探测器，再到今天的焦平面探测器和双色探测器，已发展到第三代，与制冷红外热像仪相比具有低成本、低功耗、长寿命、小型化和可靠性高等优点。随着红外探测器技术的成熟，各种适于民用的低成本红外探测器不断问世，它在国民经济各个领域发挥着越来越重要的作用，红外热成像仪被广泛应用于电力、建筑、执法、消防、车载等行业。

三、红外技术在中国的发展

国内的红外技术研发在新中国成立后才开展，最初的研究工作通过研究所进行，首先研究的是工作波段在 $1\sim3\mu m$ 的硫化铅红外探测器，之后又相继研究钛酸铅等热电探测器，并得到一定应用，但整体的红外技术装备还是相对比较简陋。改革开放以来，随着国家和企业对新技术的投资力度的增加，红外技术得到了迅速的发展，开展了从单元、线列到红外焦平面的探测器研究工作。红外探测器产品已布满 $1\sim3\mu m$、$3\sim5\mu m$ 和 $8\sim14\mu m$ 三个大气窗。

红外探测器从以单元、多元器件进行光机串/并扫描成像的第一代产品发展到目前的第四代产品，其研发过程带动了红外相关技术及其应用技术的快速发展。目前，已经形成了包含红外材料、光学元件加工与镀膜、制冷器、前置放大器、专用信号读出处理电路、图像处理、系统设计、系统检测、仿真与试验技术等在内的比较完整的研究生产体系。

红外热像仪在我国的安防、消防、电力、建筑等行业领域已经得到了广泛的应用，尤其在电力、消防行业已经有大量的产品应用到行业中，多种类型的电力型、消防型红外热像仪已经在行业中得到广泛的应用，而且最近几年无人机红外热像仪已经得到了很大的突破。

第二节　红外诊断技术基础知识

一、红外线的性质

（一）普遍性

自然界中的一切物体，只要它的温度高于绝对零度（-273℃），就存在分子和原子无规则的运动，其表面就不断地辐射红外线。

（二）不可见性

红外线是一种电磁波，它的波长范围为 760nm～1mm，不为人眼所见，但可借助红外摄像机等光学成像设备实现可视化。

（三）热效应

红外线的频率较低，只能穿透到分子原子的间隙中，而不能穿透到分子和原子的内部。红外线穿透到分子和原子的间隙，会使分子和原子的振动加快、间距增大，即增加了热运动能量。从宏观上看，物质的温度升高，由此产生融化、沸腾、汽化等一系列现象，但物质的化学性质（即分子和原子本身）并没有发生改变。

红外成像设备利用红外线的性质，探测出物体表面辐射的不为人眼所见的红外线，从而能够反映物体表面的红外辐射场，即温度场。对于电力设备，红外检测与故障诊断的基本原理就是通过探测被诊断设备表面的红外辐射信号，获得设备的热状态特征，并根据这种热状态及适当的判据，做出设备有无故障及故障属性、出现位置和严重程度的诊断判别。

二、基本辐射定律

（一）热辐射

由于物体内部微观粒子的热运动（或者说由于物体自身的温度）而使物体向外发射辐射能量的现象称为热辐射。热辐射示意图如图 1-3 所示。

热辐射本质上是一种电磁波。当物体的微观粒子运动状态发生改变时，如电子从高能位轨道向低能位轨道跃迁，就会向外发射能量，这是物质的一种固有属性。大部分热辐射射线波长位于红外线区段的 760nm～20μm 范围内，因此一般可将热辐射看成红外线辐射。

（二）黑体模型与基尔霍夫定律

任何物体在发出辐射能的同时，也不断吸收周围物体发来的辐射能。

图 1-3　热辐射示意图

某一物体辐射出的能量与吸收的能量之差，就是它传递出去的净能量。物体的辐射能力（即单位时间内单位表面向外辐射的能量）随温度的升高增加很快。物体受辐射时，其能量关系如式（1-1）所示。

$$Q_\alpha + Q_\rho + Q_\tau = Q \tag{1-1}$$

式中　Q——物体受到其他物体投来的辐射能量；

Q_α——吸收转为热能的部分辐射能量；

Q_ρ——被反射的部分辐射能量；

Q_τ——透过物体的部分辐射能量。

将式（1-1）等式两边同时除以 Q，得到式（1-2）。

$$\alpha+\rho+\tau=1 \tag{1-2}$$

式中　α——辐射吸收率；

ρ——辐射反射率；

τ——辐射穿透率。

所谓黑体，简单讲就是在任何情况下对一切波长的入射辐射吸收率都等于1的物体，也就是说全吸收。显然，因为自然界中实际存在的任何物体对不同波长的入射辐射都有一定的反射（吸收率不等于1），所以，黑体只是人们抽象出来的一种理想化的物体模型。但黑体热辐射的基本规律是红外研究及应用的基础，它揭示了黑体发射的红外热辐射随温度及波长变化的定量关系。

基尔霍夫定律是德国物理学家古斯塔夫·基尔霍夫（Gustav Robert Kirchhoff）于1859年提出的，它用于描述物体的发射率与吸收比之间的关系。在同样的温度下，各种不同物体对相同波长的单色辐射出射度与单色吸收比之比值都相等，并等于该温度下黑体对同一波长的单色辐射出射度。

发射率（黑度）指任一物体的辐射力与同温度下黑体的辐射力之比，用 ε 表示。

任何物体的辐射能力与吸收率 α 的比值都相同，且该比值恒等于同温度下绝对黑体的辐射能力，即

$$\varepsilon=\alpha \tag{1-3}$$

此式称为基尔霍夫定律。它表明物体的吸收率与黑度在数值上相等，即物体的辐射能力越大，吸收能力也越大。

（三）维恩位移定律

维恩位移定律（Wien displacement law）是热辐射的基本定律之一，由德国物理学家威廉·维恩（Wilhelm Carl Werner Otto Fritz Franz Wien）

于 1983 年发现并应用于黑体等学术理论，揭开量子力学新领域。维恩位移定律的含义是，在一定温度下，绝对黑体的温度与辐射本领最大值相对应的波长 λ 的乘积为一常数，即

$$\lambda_{\max} = \frac{2.89777\text{mm} \cdot \text{K}}{T} \tag{1-4}$$

式中　　　　T——物体的绝对温度，K；

2.89777mm·K——维恩常量。

式（1-4）表明，当绝对黑体的温度升高时，辐射本领的最大值向短波方向移动。

黑体越热，其辐射谱光谱辐射力（即某一频率的光辐射能量的能力）的最大值所对应的波长越短，而除了绝对零度外其他的任何温度下物体辐射的光的频率都是从零到无穷的，只是不同的温度对应的"波长—能量"图不同，如图 1-4 所示。

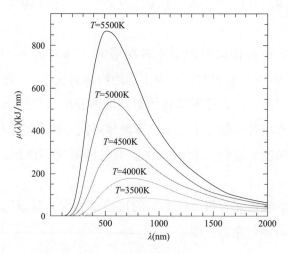

图 1-4　维恩位移定律图

（四）斯特藩—玻尔兹曼定律

斯特藩—玻尔兹曼定律（Stefan-Boltzmann law）又称斯特藩定律，由斯洛文尼亚物理学家约瑟夫·斯特藩（Jožef Stefan）和奥地利物理学家路德维希·玻尔兹曼（Ludwig Edward Boltzmann）分别于 1879 年和 1884 年各自独立提出，是热力学中的一个著名定律，其定义为：一个黑体表面单

位面积在单位时间内辐射出的总功率（称为物体的辐射度或能量通量密度）j^* 与黑体本身的热力学温度 T（又称绝对温度）的四次方成正比，即

$$j^* = \varepsilon \sigma T^4 \tag{1-5}$$

式中　σ——斯特藩—玻尔兹曼常数，自然界中 σ 取 5.67×10^{-8} W/（$m^2 \cdot K^4$）。

因此，对物体辐射功率的探测实际就成了对物体表面温度的探测。

三、红外热像仪

红外热像仪是利用红外探测器、光学成像物镜和光机扫描系统（目前先进的焦平面技术已省去了光机扫描系统）接收被测目标的红外辐射信号，一般是由光学系统收集被测目标的红外辐射能，经过光谱滤波、空间滤波使聚焦的红外辐射能量分布图形反映到红外探测器的光敏元件上。在光学系统和红外探测器之间，有一个光机扫描机构，对被测物体的红外热像进行扫描，并聚焦在单元或多元探测器上，探测器将红外辐射能转换成电信号，经放大处理转换成标准视频信号，通过电视屏或监视器显示红外热像图。这种热像图与物体表面的热分布场相对应，实质上是被测物体各部分红外辐射的热像分布图。红外热像仪原理图如图 1-5 所示。

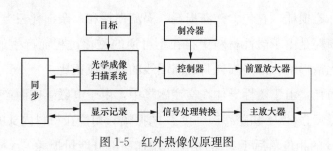

图 1-5　红外热像仪原理图

第三节　带电设备红外诊断基本机理

一、带电设备发热原理

带电设备在正常工作的时候，在电压、电流、电磁及谐波作用下会散

发热量，使带电设备温度升高。发热形式主要有电阻损耗、铁磁损耗、介质损耗和谐波损耗四种，只要是正常运行的设备就存在这几种发热形式，根据设备性质的不同，发热形式的占比也会不同，设备热成像表现为正常的热分布。若设备出现异常，其热分布图像则与正常情况不一样。

（一）电阻损耗

电力设备中通常有大量的导体，当有电流通过导体时，由于导体存在电阻，会发热产生损耗，该损耗也称为焦耳损耗。可用公式表达如下：

$$P_{\mathrm{j}} = I^2 R t \tag{1-6}$$

式中　I——电流有效值，A；

　　　R——导体有效电阻，Ω；

　　　t——通电时间，s。

电阻损耗在电力系统中最为常见，主要表现形式为不同导体的接触面因接触不良使电阻增大导致的发热。

（二）铁磁损耗

在电力设备中，绕组中交变电流将产生交变磁场，在其作用下，铁磁材料在磁化过程和反磁化过程中有一部分能量不可逆地转变为热能，所损耗的能量称磁损耗，它包含磁滞损耗、涡流损耗和剩余损耗三类。

磁滞损耗是由于磁性材料中存在不可逆的磁化过程而产生的损耗，在准静态磁化情形下，磁滞损耗与磁滞回线的面积成正比。

涡流损耗是由于磁性导体在交变磁场中，由于电磁感应而产生涡电流，这就引起磁场强度 H 和磁感应强度 B 的振幅和相位在材料内部的不均匀分布，并使 B 的相位落后于 H 的相位而增加一部分能量损耗。

剩余损耗指除了涡流损耗和磁滞损耗以外的其他所有损耗。它是由具有不同机制的磁弛豫过程所导致的。

由此可以计算铁磁损耗的瞬时体密度为

$$\mathrm{d}p_{\mathrm{Fe}}(t) = \left\{ k_{\mathrm{h}} B_{\mathrm{m}}^2 f + \frac{\sigma_{\mathrm{p}} \Delta^2}{12} \left[\frac{\mathrm{d}B(t)}{\mathrm{d}t} \right]^2 + k_{\mathrm{e}} \left[\frac{\mathrm{d}B(t)}{\mathrm{d}t} \right]^{\frac{3}{2}} \right\} k_{\mathrm{f}} \tag{1-7}$$

式中　k_{h}——磁滞损耗系数；

B_m——磁密幅值；

$B(t)$——磁密瞬时值；

σ_p——铁芯电导率；

k_e——附加损耗系数；

k_f——铁芯叠片系数。

在 1 个周期 T 内，铁芯损耗的平均体密度为

$$\mathrm{d}p_{\mathrm{iron}} = \frac{1}{T}\int_T \mathrm{d}p_{\mathrm{Fe}}(t)\,\mathrm{d}t \tag{1-8}$$

因此，铁芯总损耗可通过式（1-8）计算得到

$$p_{\mathrm{iron}} = \iiint_V \mathrm{d}p_{\mathrm{iron}}\,\mathrm{d}v \tag{1-9}$$

铁磁损耗主要存在于变压器中，会导致变压器铁芯发热，严重者会损坏变压器铁芯。

（三）电介质损耗

绝缘材料在电场作用下，由于介质电导和介质极化的滞后效应在其内部引起能量损耗，使电介质升温。相应损耗可分为弛豫损耗、共振损耗和电导损耗。

当交变电场频率满足式（1-10）时

$$f = \frac{1}{T} \tag{1-10}$$

则弛豫损耗有最大值。其中，T 为组成介质的极生分子和热离子的弛豫时间。

对于共振损耗而言，当电场频率达到电介质振子固有频率时，该损耗最大。而电导损耗则与材料电流和电导有关。

电介质损耗主要发生在绝缘材料中，包括变压器、电力互感器、电压互感器等充油设备的绝缘油中发生的电介质损耗，会导致绝缘油的劣化从而降低其绝缘电阻，使设备内部放电甚至击穿。

（四）谐波损耗

由于电力系统中存在谐波电压与电流，将导致运行中的变压器和电容器等电气设备铁芯损耗与铜耗增加，且导致集肤效应加剧，使损耗分布更

为集中。流过变压器中性点的三次、六次等三的倍数次谐波，将在中性点造成很大的损耗，并引起中性点严重发热。

以上四种损耗共同构成了电力设备的发热源。通过传导、对流或辐射等方式，其中部分热量将散逸到大气或周围环境中去，而其余的热量将被电力设备吸收，使电力设备的温度升高，带来以下几类危害。

（1）导致材料的劣化。过高的温升将导致金属材料软化，机械强度将明显下降，有机绝缘材料将会变脆老化，绝缘性能下降，甚至击穿，材料的使用寿命也将缩短，对无机绝缘材料的绝缘性能也有明显影响。还可能导致半导体元件热击穿，因为温度升高，电子激活程度加剧，使本来不导电的半导体层导通。

（2）引发火灾事故。当电力设备温升过高时，将造成绝缘击穿诱发严重短路事故，巨大的短路电流将产生极大短路热效应，散发大量的热能，严重的情况下将引发燃烧现象。如果电力设备散热不良，将导致设备产生局部高温，最终引燃周围易燃物造成火灾。变压器火灾如图1-6所示。

图1-6　变压器火灾图

（3）增加电能损耗。对大多数导体来说，温度越高，电阻越大，因此导体发热和集肤效应将不可避免地增大电阻，使电能损耗进一步增大，造成恶性循环，最终损坏设备。

二、带电设备的发热故障

带电设备的故障多种多样，但大多数都伴有发热的现象。从红外诊断的角度看，通常分为外部发热故障和内部发热故障。

（一）外部发热故障

外部发热故障通常是由连接点接触不良而导致的局部过热引发。电力系统运行中，载流导体会因为电流效应产生电阻损耗，而在电能输送的整个回路上存在数量繁多的连接件、接头或触头。在理想情况下，输电回路中的各种连接件、接头或触头接触电阻低于相连导体部分的电阻，那么连接部位的损耗发热不会高于相邻载流导体的发热。然而一旦某些连接件、接头或触头因连接不良造成接触电阻增大，该部位就会有更多的电阻损耗和更高的温升，从而造成局部过热。此类通常属外部发热故障。

外部发热故障的特点是，局部温升高，易用红外热像仪发现，如不能及时处理，情况恶化快，易形成事故，造成损失。外部发热故障占故障比例较大。

外部发热故障的致热部位是裸露的，可用热像仪直接测温，且测量值与实际的温度值差别不大，一般可根据测得的温度值或温升值，利用相对温差法来判断缺陷的严重程度。

（二）内部发热故障

电气设备的内部故障主要是指封闭在固体绝缘以及设备壳体内部的电气回路故障和绝缘介质劣化引起的各种故障。由于这类故障出现在电气设备的内部，因此反映的设备外表的温升很小，通常只有几开。检测这种故障对检测设备的灵敏度要求较高。

内部发热故障也可用热像仪测温，但由于其致热部位被封闭，小部分热量可能通过导体传递到外部，大部分要通过空气、油、SF_6 或绝缘纸等介质，再通过金属箱体或瓷套传到其表面，所以其测量值与实际的温度值差别一般较大。由于设备本身结构和致热因素比外部热故障要复杂些，对此类故障的判断分析相对困难。

三、带电设备红外测温的影响因素

(一) 环境因素

环境因素对红外测温仪准确度的影响主要体现在环境温度、大气吸收以及环境散射等方面。

若被测目标的温度为 T_1，环境温度为 T_0，该目标单位面积表面发射的辐射能为 $\varepsilon\sigma T_1^4$，吸收的辐射能为 $\alpha\sigma T_0^4$，其中 ε、α 分别为物体的发射率与吸收率，则被测目标发出的净辐射能为 $\varepsilon\sigma T_1^4 - \alpha\sigma T_0^4$，表明环境温度的变化将会引起测量结果的变化。

当红外波长的频率接近于大气分子振动的固有频率时，会引起气体分子振动，这种振动会吸收红外辐射能量，引起其沿传播方向衰减。在红外辐射的传输过程中，由于大气的吸收作用，能量会有一定的衰减。若空气中还存在较多的水蒸气、灰尘等，对红外测温仪的影响更大。

当红外辐射在大气中传播时，大气分子会引起辐射散射。散射可以看作是光子与大气分子发生弹性碰撞，改变了辐射方向，使得本应进入测量系统的能量并没有被吸收，从而造成测量误差。大气中云、雾、水滴的半径分子大小与红外波长差不多，对红外辐射具有强烈的散射作用。

因此在实际应用红外测温仪时，应尽量在无雨、无雾，清晰度较高，空气湿度低于 85% 的环境中进行测温，才能将环境因素对测量结果的影响降到最低。

(二) 发射率

发射率表征一个物体的能量辐射特征，它与物体的材料形状、表面粗糙度、凹凸度、氧化程度、颜色、厚度等有关。由热辐射定律易知，红外测温仪从物体上接收到的辐射能量大小与该物体的辐射率成正比。

因此要得到准确的测量结果，应将红外测温仪的发射率值调至与被测物体的发射率值一致（对于电力设备，其发射率一般在 0.85～0.95 之间），否则将会引入测温结果的偏差。

(三) 距离

被测目标发出的红外辐射必定要经过一段距离才能到达红外测温仪，

因此如前文分析环境因素时所提到的，在实际测温过程中，红外测温仪接收到的有效辐射不仅来自被测目标，还包括大气吸收、环境辐射散射等因素的影响，有时还会受目标附近高温物体的辐射影响，在室外时太阳辐射也通常是需要考虑的因素。

因此，在测量目标较小而测温仪受限不能近距离进行测温时，应尽量采用高分辨率的红外测温仪，保证被测目标大于测试视场，这样测温仪的测量结果不会受到被测目标外的背景温度的影响，得到较为准确的数据。应保持适当距离，当被测目标与测试视场相近时，测量结果就会受到背景温度的影响；若被测目标小于测试视场，背景辐射能量会进入测试视场，影响测试结果。

（四）风力

当被测设备处于室外露天环境运行时，在风力较大的情况下，由于受到风速对流冷却的影响，会使发热设备的热量被风力加速发散，而使发热缺陷设备的温度下降，所以测温仪测得的温度比实际温度低。

因此，在室外进行带电设备红外测温时，应在无风或风力很小的条件下进行或根据实际检测条件做必要的修正。

第二章

《规范》正文解读

第一节 范　围

>> 【原文】

1 范围

　　本标准规定了带电设备红外诊断的术语和定义、现场检测要求、现场操作方法、仪器管理和检验、红外检测周期、判断方法、诊断判据和缺陷类型的确定及处理方法。

　　本标准适用于采用红外热像仪对具有电流、电压致热效应或其他致热效应引起表面温度分布特点的各种电气设备，以及 SF_6 气体为绝缘介质的电气设备泄漏进行的诊断。

　　使用其他红外测温仪器（如红外点温仪等）进行诊断的可参照本标准执行。

>> 【解读】

　　（1）本条款明确了 DL/T 664—2016《带电设备红外诊断应用规范》的适用范围。本规范为中华人民共和国电力行业标准，代替上一版 DL/T 664—2008《带电设备红外诊断应用规范》。80 年代以来国内外电力行业对红外检测诊断技术在电力设备状态检修中的应用越来越重视，经过各大电力试验研究院、热工研究所和业内技术专家的努力，我国于 1999 年推出第一版 DL/T 664—1999《带电设备红外诊断技术应用导则》。随着红外技术的全面发展和应用理论的完善，于 2008 年推出第二版即 DL/T 664—2008《带电设备红外诊断应用规范》。到了 2016 年推出的第三版即 DL/T 664—2016《带电设备红外诊断应用规范》，逐渐形成了一套完整的红外诊断应用体系。DL/T 664—2016 给出了红外热像仪从选型到应用以及检测后出具检测报告的一整套作业流程。本规范不仅限于电力行业应用，所有带电运行的电器、电子设备需要关注其运行温度的工业、化工行业都可以参照。

（2）本规范涉及的内容主要有以下几个方面：①解释了电力设备红外诊断的专业术语、定义和仪器的技术参数，对于不同类别的仪器选型给出了相应的技术规范；②给出了仪器使用管理、日常保养维护和校准检验的相应规范；③明确了适合电力设备检测的气候条件和运行要求，给出了红外检测的一般周期及特殊时期；④提供了电力设备红外检测的 6 种判断方法的应用，以及根据设备类型和致热类型选择相应的判断依据，将设备缺陷等级分为一般、严重、紧急三个等级，给出相应的试验建议和检修策略。本规范为红外检测装备采购、管理人员，带电设备现场红外检测运维、检修人员，设备缺陷管理人员都提供了专业性的指导。本规范对整个电力系统设备的安全运行提供强有力的技术支撑，对其他需要检测热状态的电器、电子设备提供有效参考。

（3）电气设备的致热类型主要有电流致热型（电流效应引起）、电压致热型（电压效应引起）、综合致热型（既有电压效应又有电流效应或者电磁效应引起）三种类型。不论是哪种类型的致热，红外热成像检测都是基于被测设备表面热分布状态或者表面温度值来进行缺陷判断。电流致热型设备主要采取表面温度判断法和相对温差判断法；电压致热型设备主要采用热图像特征法和同类设备对比法。《规范》附录 H、I 分别给出电流致热型缺陷和电压致热型缺陷的判断标准，同时附录 J 给出了缺陷设备的典型红外图谱。《规范》对于红外诊断方法的阐述、判断标准的确立、缺陷等级的划分、检修策略的建议为电力设备运维、检修人员提供了工作依据，使红外检测工作变得更加科学、高效。

（4）SF_6 气体泄漏的红外成像检漏技术在近 10 年得到快速发展，具有非接触，远距离带电检测，漏气现象可视化，漏点定位精准等特点。主要是利用 SF_6 气体对 $10.55\mu m$ 这一波段的红外线吸收强，而空气对这一波段的红外线吸收弱这一特性，通过窄波量子阱制冷型探测器（$10.3\sim10.8\mu m$）吸收这一波段红外线，辅以算法达到与空气背景分离成像。现阶段变电、配电设备中 SF_6 设备日渐增多，有必要开展这方面的专项检漏工作。

（5）红外点温仪（点）相对于红外成像仪（面）只是检测目标大小不同，是红外成像仪的弱化版本。点温仪的局限性在于无法对整个设备表面进行温度分布检测，同时检测精度低，不适用于电压致热型设备检测；对于电流致热型设备无法准确找到被测设备的最高温度点，建议电力设备红外检测采用红外热成像仪。红外点温仪适用于对测温精度要求不高的设备检测，可参照本规范的表面温度判断法判定设备缺陷。

第二节　规范性引用文件

≫【原文】

2 规范性引用文件

　　下列文件对于本文件的应用是必不可少的。凡是注日期的引用文件，仅注日期的版本适用于本文件，凡是不注日期的引用文件，其最新版本（包括所有的修改单）适用于本文件。

　　GB/T 11021《电气绝缘　耐热性和表示方法》

　　GB/T 19870《工业检测型红外热像仪》

　　GB 26859《电力安全工作规程　电力线路部分》

　　GB 26860《电力安全工作规程　发电厂和变电站电气部分》

≫【解读】

　　（1）本条款说明本规范引用的相关文件。根据国际标准化组织规定：一个标准引用另一个标准文件时，若注有被引用标准的发行日期，则被引用标准的其后的版本或者修订的版本均不适用于本规范（不包括勘误的内容）。若没有注明被引用标准的发行日期，则必须使用被引用标准的最新版本（包括修订版本）。

　　（2）本条款的第一个引用文件 GB/T 11021《电气绝缘　耐热性和表示方法》未注明版本，本书在规范解读时引用的版本为 GB/T 11021—2014

版。本规范附录 G 高压开关设备和控制设备各种部件、材料和绝缘介质的温度和温升极限引用 GB/T 11021—2014 中的材料分级表示方法。

本条款第二个引用文件 GB/T 19870《工业检测型红外热像仪》未注明版本，本书在规范解读时引用的版本为 GB/T 19870—2018 版。本规范关于红外热像仪的产品技术规范和送检试验方法参照 GB/T 19870—2018 的标准。

本条款第三个引用文件 GB 26859《电力安全工作规程 电力线路部分》未注明版本，本书在规范解读时引用的版本为 GB 26859—2011 版。红外检测为带电检测，开展电力线路红外检测工作需严格执行 GB 26859—2011 的安全工作规程。

本条款第四个引用文件 GB 26860《电力安全工作规程 发电厂和变电站电气部分》未注明版本，本书在规范解读时引用的版本为 GB 26860—2011 版。发电厂、变电站的红外检测都为带电检测，需严格执行 GB 26860—2011 的安全工作规程，同时还需服从发电厂、变电站的管理制度。

第三节 术 语 和 定 义

≫【原文】

3 术语和定义
　下列术语和定义适用于本标准。

≫【解读】

本节主要解释了本规范所涉及的专业术语、定义以及部分参数的计算公式。掌握这些专业术语、定义的概念有助于理解仪器的技术参数、更合理地开展红外检测工作。其中温差、相对温差两个定义直接涉及被测设备缺陷等级的划分，需要深刻理解和熟练运用。

≫【原文】

3.1 温差 temperature difference

不同被测设备或同一被测设备不同部位表面温度之差。

≫【解读】

（1）本条款所指不同被测设备：是指具有相似物理属性（材质、结构等）和处于相近运行工况（气候、负荷等）的同类型设备。现场检测时，应尽量取同厂家同型号、批次产品的同部位温度（一般取最高温度），且尽量保证被测设备红外辐射背景一致和相似的运行工况，这样计算所得的温差更具有参考价值。例如电力设备中三相运行设备可分别取发热相和正常相设备相同部位的最高温度计算温差。

（2）本条款所指同一被测设备不同部位：指的是同一设备具有相似物理属性的部位。对于同一被测设备不同部位温差取样，要选择相同材质、结构的部位。比如单相电压互感器本体温差计算，可以分别取瓷套同一方向上半部分和下半部分的最高温度或者取瓷套同部位的正面和背面的最高温度。

（3）由于红外线穿透性很差，红外热像仪测的都是物体的表面温度，内部轻微发热几乎无法影响设备表面温度。检测时要求被测目标没有被遮挡，同时考虑周边背景高温、低温物体的红外辐射或者反射。当封装于内部的设备在表面显现轻微发热的时候要引起足够的重视，内部情况往往要严重和复杂得多。对于由热传导引起的表面温差计算需要综合评估，以确保检测数据的准确性和结论的科学性。温差的计算一般选取被测设备的最高温度，用热力学温度单位 K 表示。

≫【原文】

3.2 相对温差 relative temperature difference

两个对应测点之间的温升之差与其中较高温度点的温升之比的百分数。相对温差 δ_t 可用下式求出：

$$\delta_t = (\tau_1 - \tau_2)/\tau_1 \times 100\% = (T_1 - T_2)/(T_1 - T_0) \times 100\% \qquad (1)$$

式中：

τ_1 和 T_1——发热点的温升和温度；

τ_2 和 T_2——正常相对应点的温升和温度；

T_0——被测设备区域的环境温度（气温）。

≫ 【解读】

（1）本条款所提温升是指被测设备中的某个部件高出所处环境的温度。环境温度是指被测设备所处的气候温度，可由随身携带的温度计测得。为确保准确性，当室内外环境变化时要待温度计读数稳定后再记录数值。

（2）相对温差主要是针对电流致热型设备发热部位进行计算，是一个百分比数值。尤其在检测设备负荷较小的时候，为了防止漏判采取相对温差判断法，对设备发热趋势做一个初步判断。根据温差的定义可取不同被测设备或同一被测设备不同部位表面温度之差，如图 2-1 通过示例来计算一下相对温差。

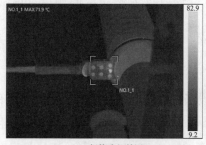 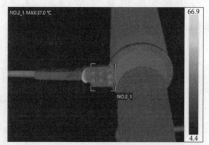

(a) A相接头红外图   (b) C相接头红外图

图 2-1　110kV 断路器下引流板接头红外图

≫ 【示例】

不同被测设备相对温差计算：

图 2-1 为变电站内同一间隔内不同相别的断路器，检测点为下引流板接头处。

23

A 相发热相最高温度 71.9℃；C 相正常相最高温度 37℃；检测时环境温度 33℃。则有：

温差：71.9－37＝34.9（K）　　　温升：71.9－33＝38.9（K）

相对温差：34.9÷38.9×100％＝89.7％

同一被测设备不同部位的相对温差计算：

图 2-2 为 220kV 隔离开关，检测点为转头部位。

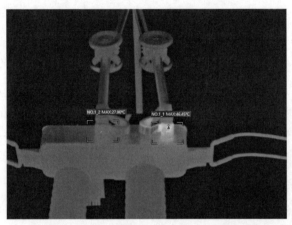

图 2-2　220kV 隔离开关转头部位红外图

左边转头温度正常最高温 27.8℃，右边转头发热最高温度 46.45℃，环境温度为 25℃。则有：

温差：46.45－27.8＝18.65（K）　　　温升：46.45－25＝21.45（K）

相对温差：18.65÷21.45×100％＝86.9％

在相对温差的计算中，不同被测设备和同一设备选取测点都应具有相似的物理属性和运行工况。不同设备中，同类三相设备的运行工况是相似的，设备型号和生产厂家存在不同的可能，需要现场确认，尤其是经过检修的设备。

≫【原文】

3.3 一般检测 regular measurement

用红外热像仪对电气设备表面温度分布进行较大面积的巡视性检测。

▶【解读】

（1）以上条款给出了红外检测中一般检测的定义。红外热像仪检测的是物体表面温度分布情况或者物体表面温度，重点在于"表面"。对于同一被测设备，检测的角度、位置不同会造成温度偏差，因此要尽可能选取多角度检测。对于内部发热的设备，表面检测结果和内部实际发热情况会有很大的偏差。例如 GIS 内部的连接、开关柜内部的设备，都无法直接测得内部真实温度，所测表面温度分布只能提供一定参考。测内部发热的设备，表面温度有明显温差（大于 2K）的时候要引起足够的重视，内部温度会远大于表面温度，有条件的话宜咨询设备管理专家或者生产厂家再做判断。

（2）该条款中大面积巡视是指边行走边用热像仪扫视设备，在设备多且密集的区域可采用此方法检测，如变电站检测。巡视时一般选用标准镜头配置的热像仪（视场角 $24° \times 18°$）兼顾距离及范围，可以开启全屏最高温自动追踪功能，以便第一时间发现热点。变电站内一般检测可按巡视路径或者设备区域检测，防止设备遗漏。热像仪宜聚焦在整个视场的中间距离，兼顾远近，保证不同距离的设备在视场内聚焦基本清晰。巡视时注意观察红外图像热分布状态和色标变化，缓慢前行，适当停留。

（3）一般检测的开展条件要求，具体见第四节。另外，一般检测和精确检测相辅相成，当发现设备有异常的时候需转为精确检测。检测人员需把握速度和效率之间的平衡，确保设备缺陷不漏判、误判。

▶【原文】

3.4 精确检测 diagnostic measurement
　　用检测电压致热型和部分电流致热型设备的表面温度分布去发现内部缺陷，对设备故障做精确判断，也称诊断性检测。

▶【解读】

（1）本条款解释了红外检测中精确检测的定义。需关注设备的温差及热图像特征。热图像是红外设备表面温度分布的体现，用色差变化来表示温度变化。电压致热型缺陷设备的温差往往很小，在故障初级阶段甚至小于 0.5K，第一时间在热像仪上不容易分辨。精确检测要求对检测设备保留图谱，以便在电脑上用红外软件进行分析。

（2）电流致热型设备的内部缺陷一般指设备内部连接、触头等由电流效应引起的发热。设备表面的发热若是由设备内部引起，根据热传导原理，内部温度会远高于表面温度。当表面温差大于 2K 的时候要引起重视。

（3）精确检测的开展需满足精确检测相应的环境要求、设备要求、操作要求。精确检测主要采取图像特征分析法和同类设备对比分析法，对设备劣化做一个趋势判断，所以也称为诊断性检测。精确检测中一般将电压致热型设备的缺陷等级划分为严重缺陷或者紧急缺陷。

》【原文】

3.5 连续检测/监测 continuous measurement

　在一段时间内连续检测某被测设备，以便观察设备表面温度随负荷电流、持续时间、环境等因素影响的变化趋势，把握缺陷发展的紧急程度。

》【解读】

（1）本条款解释了连续检测/监测系统的定义。连续监测主要是针对带缺陷运行设备、试验运行设备、特殊时期大负荷运行设备进行跟踪分析的重要手段。红外连续监测系统也叫红外重症监护系统，分为在线式和离线式，一般连续监测的时间都在 24h 以上。

（2）连续监测系统一般采取实时录像的方式全面记录温度数据，对其中任何一帧红外图像都可以进行温度分析。部分红外热像仪具有自动预警功能，可以实现最高温预警、温差预警，可通过有线网络或者手机短信提醒用户。根据被测设备的监测结果，在必要的时候可采取紧急调度，通过降负荷、限负荷甚至停运的手段确保不发生运行事故。

（3）连续监测可对设备表面温度分布进行持续的分析，研究温度与设备劣化的关系、温度变化和其他因素如时间、负荷、湿度、环境温度等存在的辩证关系。专家和研究人员可建立相应模型，研究之间的变化关系，对设备故障状态做出进一步预判。

≫【原文】

3.6 电压致热型设备 voltage-inductive-heated equipment
　　由于电压效应引起发热的设备。

≫【解读】

（1）本条款解释了电压致热型设备的定义。电压致热型设备是指由于电压效应引起发热的设备。主要是由设备内部绝缘不良、电压分布异常或者泄漏电流增大所产生，特点是由电压效应引起，和负荷关系不大。

（2）电压致热型设备缺陷发展速度较快，往往发生在设备内部，存在突变的可能性，部分设备甚至会引发爆炸事故，必须引起高度重视。一般将电压致热型缺陷判定为紧急缺陷或者严重缺陷，具体见本规范附录Ⅰ《电压致热型设备缺陷诊断判据》。

（3）表面温度判断法和相对温差判断法对电压致热型设备不适用。部分电压致热型设备表面温度相差 0.5K 时就存在缺陷的可能性，检测时需选择高精度的红外热像仪，可采用同类设备温差判断法和热图像特征判断法。有条件的可采用三相设备对比，将三相设备拍在同一张红外图和三相设备分别拍图对比。为了确定故障还应积极采用其他手段，比如电阻测试和油色谱分析等。

≫【原文】

3.7 电流致热型设备 current-inductive-heated equipment
　　由于电流效应引起发热的设备。

【解读】

（1）本条款解释了电流致热型设备的定义，电流致热型设备是指由于电流效应引起发热的设备。电流效应引起的发热往往是由于接触电阻变化引起，与产品设计制造、安装不当、用料不当、运行维护不当、设备老化等有关。

（2）电流致热型缺陷发生在设备的外表面，热点明显，最直观的方式是采用表面最高温度判断法，较容易掌握。根据不同设备不同部位的发热程度由相应的阈值来判断缺陷等级，具体见本规范附录 H《电流致热型设备缺陷诊断判据》。对于小负荷运行的设备还应采用相对温差判断法，防止缺陷漏判、误判。对于在设备内部的电流致热，表面温度判断法需有条件的使用，最有效的方式是打开设备检测。

【原文】

3.8 综合致热型设备 multiple-heated equipment
　　既有电压效应，又有电流效应，或者电磁综合效应引起发热的设备。

【解读】

（1）本条款解释了综合致热型设备的定义。综合致热主要有两种情况：一种是指既有电压效应，又有电流效应引起的发热，如变压器的匝间短路、铁芯绝缘不良、电压互感器的电磁单元发热；还有一种是电磁效应引起的发热，如主变压器（简称主变）边沿螺栓的涡流效应发热。

（2）综合致热型缺陷通常发生在设备内部，用表面温度判断法往往不能正确地反应设备的内部温度，容易造成误判。建议采用同类对比判断法或图像特征判断法，判断时注意设备的温差。综合致热型设备判断采用电流致热型缺陷判据和电压致热型缺陷判据分别判断，优先采用电压致热型判据，采取从重的原则。

➤ 【原文】

3.9 热灵敏度（NETD）noise equivalent temperature difference

热像仪在观察一个低空间频率的靶标时，当其视频信号的信噪比（S/N）为1时，目标与背景之间的最小可分辨温差称噪声等效温差。它是评价热像仪探测目标灵敏度和噪声大小的一个客观参数，单位 mK。

➤ 【解读】

（1）本条款主要解释了 NETD 的意义。NETD 是红外热像仪的关键参数，是信噪比为1的时候红外热像仪能分辨的最小温差，也叫噪声等效温差，它近似代表热像仪可以分辨的最小温差。信噪比（S/N）是指一个电子设备或者电子系统中信号（signal）与噪声（noise）的比例。这里的信号指的是红外热像仪接收到的来自被测目标的红外辐射；噪声是指经过红外热像仪后产生的原信号中并不存在的无规则的额外信号（或信息），并且该种信号并不随原信号的变化而变化。一台热像仪本身的 NETD 受探测器性能、光学及硬件结构、电信号采集处理、图像算法等多个因素影响。

（2）NETD 也叫热灵敏度、热分辨率，是一个差值，一般用热力学单位 mK（毫开尔文）表示，市面上常见的测温型红外热像仪的热灵敏度一般在 20～100mK。

➤ 【示例】

假设图 2-3 为低空间频率的圆形靶标，矩形代表被测目标，此时视频信噪比为1，目标和背景的尺寸均远大于热像仪的空间分辨率。假设红色被测目标温度为 25.31℃；蓝色背景温度为 25.22℃。

目标和背景温差的计算：25.31－25.22＝0.09（K）＝90（mK）。用一台热灵敏度为 50mK 的热像仪进行测量，可分辨出目标和背景存在温差，且温差在 50mK 以上；用一台热灵敏度为 100mK 的热像仪进行测量则无法

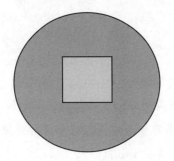

图2-3　低空间频率的圆形
靶标图

分辨出目标和背景两者间的温差，认为两者温度是一样的。实际测量用精密黑体实现图中红色区域温度不变，改变蓝色区域温度，通过数据采集系统，当热像仪恰好可以识别两者温差的时候所得的差值即为NETD。

仪器NETD的值越低则温度分辨率越高，图像对比度也越高，成像细节更丰富，测温也更准确。以下再通过一个小实验来直观说明NETD对成像质量的影响。图2-4是NETD为50mK和100mK的两台不同热像仪在同一时间，相同距离和参数设置情况下，测人体手掌留在墙上的热分布印记图。很明显，NETD更低的仪器成像效果更好，掌印更清晰。

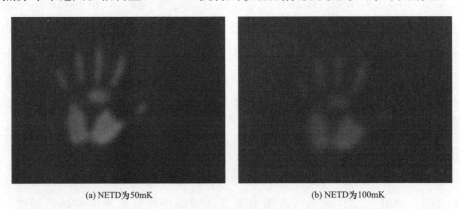

(a) NETD为50mK　　　　　(b) NETD为100mK

图2-4　不同NETD下手掌印记热像对比

▷▷【原文】

3.10 同类设备 congeneric equipment
　　指同组三相或在同相不同安装位置或其他同型设备。

▷▷【解读】

　　（1）本条款主要解释了本规范中同类设备的定义。同类设备是指具有相同的结构与工作原理的单台或成套设备。在红外检测中同类设备一般是指在相同的运行工况和物理环境中的同型号设备。对于选取同类设备对比分析，优先选择同组三相设备，其次选择同相不同安装位置设备，最后选择其他同型设备。

（2）同组三相设备：指同一组三相交流电中不同相别的电器设备。在变电站内同组三相设备一般指同一间隔里同厂家的不同相别设备，图 2-5 为同组三相 110kV 断路器设备，底部为横梁，从左到右框示依次为断路器 A 相、B 相、C 相。此断路器为成套设备，三相是组合安装的，也有三相分别安装的设备，只要在同一间隔内都可以作为同组三相设备。同间隔的设备运行状态是最相近的，因此对比更具有参考意义。

图 2-5 同组三相 110kV 断路器热像图

（3）同相不同安装位置设备：指相同型号的设备放在不同间隔的同一相位。如图 2-6 所示，变电站内 220kV 不同间隔但同为 A 相的电压互感器可做同类设备对比。

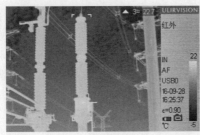

(a) 1号间隔A相   (b) 2号间隔A相

图 2-6 不同间隔 A 相电压互感器热像图

（4）其他同型设备：当现场找不到前两种情况的设备时候，可以寻找不同厂家的同类型设备，如图 2-7 所示。尽量选择技术规格一致和运行条件相似的设备进行对比。

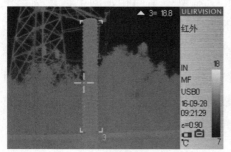

(a) 甲厂家耦合电容器　　　　　　　　　　(b) 乙厂家耦合电容器

图 2-7　不同厂家同类型 220kV 耦合电容器热像图

第四节　现场检测要求

带电设备红外检测是一项专业性较强的工作，本规范对现场检测提出了四个方面的要求：人员要求、安全要求、环境条件要求、检测仪器要求。这是完成检测，得出正确判断的基本前提。

≫【原文】

4.1 人员要求

现场检测人员应具备以下条件：

a）熟悉红外诊断技术的基本原理和诊断程序，了解红外热像仪的工作原理、技术参数和性能，掌握热像仪的操作程序和使用方法。

b）基本了解被检测设备的结构特点、工作原理、运行状况和导致设备故障的基本因素。

c）熟悉和掌握本标准。

d）上述要求应经电气红外检测技术专业培训合格。

≫ 【解读】

本条款对红外检测要求中的人员专业素养提出了相应的要求，至少需要满足以下几个条件：

（1）需熟悉整个红外诊断的检测流程，掌握各个环节中的技术关键点。对红外热像仪的工作原理要有一定了解，掌握热像仪的技术参数。能根据应用场景选择相应的热像仪，比如手持型、在线型、重症监护型，并选择相应的配件。熟练掌握热像仪的现场操作方法、参数设置和后期相关软件的使用，可以出具相应的被测设备分析报告，给出缺陷处理建议。

（2）需了解被测设备的结构特点和运行原理，对引起设备发热的机理有一定认识。尤其需要掌握设备正常运行时的表面热分布状态，能快速识别热分布异常状态，并引起重视。例如绝缘子串的检测，零值绝缘子相对正常绝缘子温度偏低，低值绝缘子相对正常绝缘子温度偏高；主变散热器某片温度偏低一般是油路堵塞或者油循环未打开。平时检测要多积累实践经验，做到第一眼看到设备的红外热分布图就可以初步判断设备的运行状态。

（3）需充分熟悉和掌握本规范。从检测前期的准备到检测中期的执行以及后期检测报告的出具，缺陷状态的管理，本规范都给出了指导，形成了完善的红外诊断体系。

（4）红外检测具有很强的专业性，因此要进行相关培训。可参加行业和企业举办的红外技师培训，有条件的单位实行持证上岗。电力设备红外检测人员除进行红外培训外，还应持有相应的电工证。

≫ 【原文】

4.2 安全要求

试验前的安全要求如下：

a）检测人员应严格执行 GB 26859、GB 26860；

b）学习工作现场安全规定，经培训合格；

c）现场检测工作人员应至少两人，一人检测，另一人监护。

>>【解读】

本条款主要介绍红外检测时需遵循的安全要求，主要有以下几个方面：

（1）红外检测为带电检测，应严格执行电力工作的安全规程。本书在解读此规范时主要有下面两个规程：GB 26859—2011《电力安全工作规程 电力线路部分》、GB 26860—2011《电力安全工作规程 发电厂和变电站电气部分》。主要内容包括：发电厂、变配电站检测持执行工作票制度，持第二种工作票（安全距离外的不停电检测）；进入现场穿绝缘鞋，长袖、长裤的棉质工作服，佩戴安全帽；与带电设备保持足够的安全距离；若有登高检测的工作，需持有登高作业证。

（2）检测工作开展前，统一学习安全规程，经培训、考试合格方可持证上岗。外协单位除自己组织培训考试外，如果被检测单位有额外的安全培训也必须参加，满足要求后方可开展工作。电力行业进行红外检测时，每日开工前进行安全交底，工作负责人和监护人做好风险把控。

（3）现场检测工作小组成员不少于两个人，其中一人进行安全监护，另一人或多人进行检测，工作人员不得脱离监护人的视线，需服从现场工作单位的管理。外协单位对电力单位开展红外检测，需编写"三措一案"（技术措施、组织措施、安全措施、施工方案），经审批方可开展工作。每日工作需提前申报工作计划，不得在计划之外的时间和区域开展工作。

>>【原文】

4.3 环境条件要求

4.3.1 一般检测要求

带电设备红外诊断的一般检测应满足以下要求：

a）被检设备处于带电运行或通电状态或可能引起设备表面温度分布特点的状态；

b）尽量避开视线中的封闭遮挡物，如门和盖板等；

c）环境温度宜不低于0℃，相对湿度不宜大于85%；白天天气以阴天、多云为佳。检测不宜在雷、雨、雾、雪等恶劣气象条件下进行，检测时风速一般不大于 5m/s（风级、风速的关系可参照附录 A）。当环境条件不满足时，缺陷判断宜谨慎；

d）在室外或白天检测时，要避免阳光直射或通过被摄物反射进入仪器镜头；在室内或晚上检测时，要避开灯光直射，在安全允许的条件下宜闭灯检测；

e）检测电流致热型设备一般应在不低于 30％的额定负荷下检测，很低负荷下检测应考虑设备状态对测试结果及缺陷性质判断的影响。

≫【解读】

本条款对适合开展红外一般检测的环境条件提出了相应的要求。为了确保检测的数据更加准确，结论更加严谨，环境条件主要是两个方面：气候环境和被测设备的运行状态环境。一般检测和精确检测的环境条件要求是不同的。一般检测以大批量巡视为主，对所有设备做一个初步的筛查，发现温度分布有异常的设备则转为精确检测。

（1）带电设备的发热往往由电流或者电压引起，对于这类设备必须要在通电的情况下检测。另一类设备尽管不带电，但要在特定条件下检测才能反映其温度分布的特点。比如要求在夜晚观察设备的油位面，因为白天受阳光照射影响表面热分布几乎相同，无法分辨油位面。

（2）红外检测是测物体的表面热分布或者温度，检测时不能有遮挡（玻璃也不行，红外线穿透性很差）。现场可根据实际情况更换检测角度或者位置，以达到最佳的检测效果。如有门和盖板，安全允许的话应该打开后再检测。

（3）环境温度、相对湿度、雾霾尘埃、太阳光照、风速，都对测温精度和成像质量会产生影响。主要有两方面的影响：一是环境因素对被测设备表面温度的影响；二是红外线在环境中传播的衰减和干扰影响。尽量在满足气候条件的时候开展检测工作。当环境条件不是完全满足时，对检测结果的判断需谨慎，建议选取合适的时机复测。当气象条件恶劣的时候不宜开展检测工作，紧急情况必须要检测时，要注意人员安全和设备安全。

（4）在室外或者白天检测的时候要注意避开阳光的直射或者反射。太阳温度过高，会灼伤红外热像仪的探测器，造成仪器损坏。有阳光或者大功率灯照射时，要注意设备受光的方向，正面和背面往往会造成较大的温差。晚上检测安全允许的话可以闭灯检测，变电站检测低功率节能灯可以打开。

（5）电流致热型设备，缺陷发热程度与负荷成正比关系，负荷越高发热越严重。用表面温度法进行缺陷判断时，发热程度不同往往会影响设备缺陷等级的划分。为了检测更有意义，要求检测时设备的运行负荷不低于30％，同时还应采用相对温差判断法。对有异常的设备宜在大负荷的时候进行复测，重新判断。

》【原文】

4.3.2 精确检测要求

带电设备红外诊断除满足一般检测要求外，还应满足以下要求：

a）风速不大于 1.5m/s；

b）设备通电时间不小于 6h，宜大于 24h；

c）户外检测期间天气以阴天、夜间或晴天日落以后时段为佳，避开阳光直射；

d）被检测设备周围背景辐射均衡，尽量避开附近能影响检测结果的热辐射源所引起的反射干扰；

e）周围无强电磁场影响。

》【解读】

本条款对适合开展红外精确检测的环境条件提出了相应的要求。某些设备异常的时候温度变化很小，温差甚至不到 0.5K，为了保证检测结果更加准确，对检测环境提出了更高的要求。

（1）大风容易带走设备表面的热量，对于表面测温精度要求高的设备容易造成偏差，精确检测时要求风速不大于 1.5m/s。

（2）通电时间宜大于 24h，基本可以体现一天内负荷变化的完整周期，有助于发现设备的异常。若通电时间小于 6h 则不视为精确检测。

（3）户外设备检测尽量选择阴天或者夜间，主要是消除阳光对设备照射引起的表面温度分布不均。对于电压致热型设备，要求在夜晚（日落两小时后）开始检测，部分受地理环境限制的设备，如山地输电线路，出于人员安全考虑选择阴天检测。

（4）检测时尽量避开背景高温或者低温的辐射和反射，比如灯、主变压器本体、人体的高温辐射；没有云的天空低温辐射。反射形成的虚假热像可以通过改变检测位置消除，尽量选择合理的检测角度。

（5）红外线也是电磁波的一种，周围强电磁场可能对仪器和测温结果有一定影响，需使用符合国家标准的红外热像产品。

» 【原文】

4.3.3 飞行器巡线检测基本要求

带电设备红外诊断除满足一般检测要求和飞行器（含有无人机、蝶形和四轴飞行器等巡检）适行的要求外，还应满足以下要求：

a）禁止夜航巡线，禁止在变电站和发电厂等正上方近距离飞行检测；

b）飞行器飞行于线路的斜上方并保证有足够的安全距离，巡航速度由巡检方式［如悬停检测、热像拍摄、视频（热像或可见光）记录等］确定，保证图像信息清晰、正确和不缺损；

c）红外热成像仪宜安装在专用的带陀螺稳定的平台上（人工操作除外）。

» 【解读】

输电线路巡线受地形限制，为了提高工作效率可根据实际情况采用无人机或者直升机巡线，必须遵守《中华人民共和国民用航空法》《中华人民共和国飞行基本规则》《民用无人驾驶航空器经营性飞行活动管理办法（暂行）》《架空输电线路无人直升机巡检技术规程》。

（1）出于飞行安全考虑，禁止夜间巡航；发电站和变电站附近由于设备较多，且靠近建筑物，上方禁止近距离飞行检测。

（2）飞行器巡线检测和一般飞行不同，需要沿着输电线和铁塔飞行检测，一般在线路的斜上方，可以有一个好的视场检测到线路上的所有设备。检测时和设备要保证足够的安全距离，速度一般在 10～20km/h。对于有异常的设备需在不同角度进行悬停检测，以获取更好的图像质量和检测精度。

（3）为了保证图像质量，减少抖动，直升机巡检一般装备陀螺稳定器，以吊舱形式将热像仪外置安装。无人机检测则需要热像仪安装在稳定器上面。

》【原文】

4.4 检测仪器要求

4.4.1 离线型红外热像仪

离线型红外热像仪应满足以下要求：

a）用电池供电，可方便移动检测；

b）测温准确度高，能实时给出被测目标的温度及温度分布图像信息，配备合适镜头，图像宜存储和传送，可具备故障诊断功能；

c）适用于电气设备的一般和精确检测；

d）基本要求参见附录 B.1 和附录 C。

》【解读】

本条款对不同场合的红外热像仪使用提出了相应的要求。根据应用场景的不同，热像仪分为离线型和在线型。

（1）离线型热像仪一般以手持为主，结构较为紧凑，重量较轻，多数可以单手操作。一般配备两块以上电池，单块电池容量在 3000mAh 以上，可供热像仪工作 3h 以上。

（2）离线型红外热像仪要求具备辅助分析功能，如框、线分析、等温色等。可进行全屏高低温自动追踪，可存储图像，实现在仪器上完成初步分析。热像仪自带内置存储或者存储卡存储，部分热像仪可通过蓝牙或者

WiFi 实现无线传图。根据检测场景可选配不同的镜头，一般被测目标距离近空间狭小的场景配备广角镜头（视场角大于 48°），距离远的配备长焦镜头（视场角小于 12°）。部分厂家的高端热像仪会根据被测设备匹配模型，具备故障初步诊断功能。主要是依据本规范做一些电流致热型设备缺陷的判断。

（3）一般检测和精确检测对仪器精度的要求不同，精确检测必须要用高精度的仪器，一般检测则可以适当降低要求，但都必须符合电气检测的仪器要求。

（4）对于检测仪器的具体技术要求可参见本规范的附录 B.1《离线型红外热像仪的基本要求》和附录 C《红外通用数据文件存储格式》。图 2-8 是市场上常见的 4 种离线型红外热像仪的样式。

图 2-8　离线型红外热像仪机型图

≫【原文】

4.4.2 在线型红外热像仪
　　在线型红外热像仪应满足以下要求：

a）安装或放置在被检测目标距离范围内，能进行连续的在线测温，并将信号传输至主控后台系统；

b）具有外部供电接口，连续稳定工作时间长，能在现场电磁环境和气象环境条件下使用；

c）基本要求参见附录 B.2 和附录 C。

≫【解读】

本条款指定了在线型红外热像仪的基本功能要求。在线型红外热像仪主要用来连续监测设备，实时观察被测设备温度变化，并提供一定程度的智能报警，根据安装方式分为固定式和移动式。

（1）固定式热像仪安装在固定位置，可固定检测角度；部分热像仪自带云台，可实现 120°的俯仰角和 360°水平旋转，实现多角度检测。可通过无线或者有线的形式将数据传输至后台系统进行实时分析。移动式在线型红外热像仪一般配备三脚架，可根据需要架设在指定地点，可通过无线或者有线的形式实时将数据传输至后台系统。

（2）在线型红外热像仪需要连续监测被测目标，应具有外部供电接口，且要可靠供电。在线型红外热像仪要长时间稳定工作，防护等级应在 IP54以上，即使户外恶劣天气也能稳定工作，同时不受现场电磁环境干扰。

（3）在线型红外热像仪一般参数要求见本规范附录 B.2《在线型红外热像仪的基本要求》和附录 C《红外通用数据文件存储格式》。图 2-9 为市场常见的在线型红外热像仪机型。

图 2-9　在线型红外热像仪机型图（一）

图 2-9 在线型红外热像仪机型图（二）

≫【原文】

4.4.3 车载、机载型红外热像仪

车载、机载型红外热像仪应满足以下要求：

a）可安置在飞行器、汽车、机器人等移动设备上，进行在线巡视检测；

b）具备图像传输、存储等功能；

c）飞机（飞行器）巡线检测用红外热像仪宜具备普通宽视场镜头和远距离窄视场镜头；

d）机器人用热像仪宜具有自动聚焦和图像无线传输功能；

e）基本要求参见附录 B.3 和附录 C。

≫【解读】

本条款指定了车载、机载型红外热像仪的基本功能要求。车载、机载型红外热像仪的推出是为了应对移动性连续检测的需求，通过安装在汽车、火车、飞机、轮船等移动交通工具上实现多方位、多方式的检测。

（1）车载、机载热像仪一般安装在移动设备上，比如汽车、火车、轮船、飞机、机器人等。根据现场要求可以调整检测角度；由于是移动检测，要求红外热像仪具有高帧频和一定的抗振动要求。图 2-10 和图 2-11 为常见的机载型红外热像仪和车载型红外热像仪。

图 2-10 机载型红外热像仪   图 2-11 车载型红外热像仪

(2) 车载、机载型红外热像仪具备相应的后台数据、图像处理系统，通过有线或者无线的方式实时传输、存储检测数据、图像。对于测温型的热像仪要求存储的录像后期可以进行温度分析。

(3) 普通型红外热像仪的镜头以定焦为主，若要兼顾近距离宽视场和远距离窄视场，则可选用双视窗模组的红外热像仪。

(4) 电力巡检机器人是近些年推出的新产品，可以按照设定路线自主对电力设备进行检测，其中变电站智能巡检机器人（见图 2-12）应用较为

图 2-12 装载红外测温机芯的机器人图

广泛。机器人通过内置红外机芯模块测温，可以在设定的位置和角度对设备精准对焦并保存红外图谱，通过无线传输（小型基站）到后台控制系统，对缺陷进行初步判断，实现智能预警。

（5）在线型红外热像仪一般参数要求见本规范附录 B.3《车载、机载红外热像仪的基本要求》和附录 C《红外通用数据文件存储格式》。

》【原文】

4.4.4 SF_6 气体检漏红外热像仪

　　SF_6 气体检漏红外热像仪应满足以下要求：

　　a）可对 SF_6 等气体泄漏进行远距离非接触式检测，采用制冷型焦平面探测器；

　　b）具有高测温热灵敏度和较高气体检漏探测灵敏度，具备视频拍摄功能，可实时观察泄漏影像；

　　c）基本要求参见附录 B.4。

》【解读】

　　本条款主要解释了 SF_6 气体检漏红外热像仪的基本技术要求。SF_6 气体检漏红外热像仪是根据空气和 SF_6 气体对特殊波段（约 $10.55\mu m$）的红外线吸收能力不同，根据探测器接收到的红外辐射强弱和图像算法使 SF_6 成像可见。相比传统的检漏方法更加直观，漏点清晰可见。其他能吸收 $10.55\mu m$ 红外线的气体也可以用此仪器检测，如氨气。

　　（1）SF_6 气体检漏红外热像仪一般采用制冷型量子阱探测器（见图 2-13），通过斯特林方式制冷，对压缩机和膨胀器要求较高。探测器在低温环境下工作主要是有两个作用：一是通过制冷形成一个合适的低温恒温环境，以保证需要在低温下工作的探测器的灵敏度；二是屏蔽或减小来自热成像系统的滤光片、挡板及光学系统本身等带来的热噪声。该仪器通过软件算法使气体可视化，因此可进行远距离非接触式检漏，从而能实现带电检漏，提高设备运行效益。

(a) 红外热像仪

(b) 制冷探测器

图 2-13 SF_6 气体检漏红外热像仪和制冷探测器

（2）SF_6 气体检漏红外热像仪一般具有普通模式和高灵敏度模式（也叫抖动模式）两种检漏模式，高灵敏度模式是通过信号放大和图像叠加算法实现的，画面抖动比较大、噪点也大，图像有延迟，但更容易在第一时间发现漏气现象。高灵敏度模式根据算法不同还可以选择相应的档位，在背景较为单纯的情况下可以将档位开高一点。SF_6 气体检漏红外热像仪都具备录像的功能，以更好地呈现气体泄漏的形态。

（3）SF_6 气体检漏红外热像仪具体参数配置可参见本规范附录 B.4《气体检漏红外热像仪的基本要求》。

第五节 现场操作方法

⟫【原文】

5.1 一般检测

仪器开机后应先完成红外热像仪及温度的自动检验，当热图像稳定，数据显示正常后即可开始工作。操作方法和具体要求如下：

——可采用自动量程设定。手动设定时仪器的温度量程宜设置为 T_0-10（K）至 T_0+20（K）的量程范围，其中 T_0 为被测设备区域的环境温度。

——仪器中输入被测设备的辐射率、测试现场环境温度、相对湿度、测量距离等补偿参数。被测设备的辐射率可取 0.9。读取环境的标准温、湿度值。

——检测距离不应小于与带电设备的安全距离。

——可按巡视回路或设备区域对被测设备进行一般测温，发现有温度分布异常时，进一步按精确检测的要求进行检测。

——采用选择彩色显示方式，一般选择铁红调色板，并结合数值测温手段，如热点跟踪、区域温度跟踪、红外和可见光融合等手段进行检测。

——充分利用仪器的有关功能，如图像平均、自动跟踪等，以达到最佳检测效果。对于面状发热部位（如套管压接板），可采用区域最高温度自动跟踪，以发现发热源。对于柱状发热设备（如避雷器），可采用线性温度分析功能，以发现发热源。

——根据环境温度起伏变化、仪器长时间监测稳定性等情况，检测过程中注意对仪器（需要时）重新设定内部温度等参数。

≫【解读】

一般检测指满足一般检测环境要求和仪器配置要求的大面积巡视检测。红外热像仪的现场操作主要分为测温参数的设置、测温工具的使用、测温数据的存储三部分。一般开机后仪器会自动校正，设置好参数，待热像仪画面稳定，测一个目标，温度没有明显波动的时候就可以开始工作。当仪器使用环境发生剧烈变化时，稳定时间相应延长，比如北方冬天的时候，在有暖气的屋内将热像仪拿到室外零下的环境里使用。SF_6 气体检漏红外热像仪用来测气体泄漏时，可以不进行参数设置，由于是制冷型探测器，一般开机时间在 7min 左右。

（1）一般检测时红外热像仪温标量程选择自动就可以。热像仪会根据检测场景自动设定温标的上下限范围，一般温标下限值为所测区域里的最低温，上限值为所测区域里的最高温，各个厂家根据测温算法略有不同。测温范围通常选择默认档位，一般为 -20～150℃（各厂家略有不同）。若超出测温范围则可以根据提示手动切换，部分智能型热像仪可以自动切换测温范围。若要手动设置温标量程，则一般设置下限为环境温度减10（K），上限为环境温度加 20（K），如环境温度 30℃，则上下限设为 50℃和 20℃。图 2-14 标示了某品牌热像仪测温范围和温标量程。

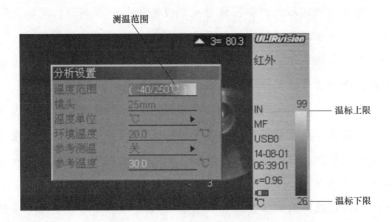

图 2-14　测温参数设置界面图

（2）为了测温更加精准，需要对一些参数进行设置。常见的参数有辐射率（也叫发射率）、被测设备所处的环境温度、相对湿度、距离（仪器与被测物之间的距离）。辐射率可以查阅辐射率表进行设置，范围在 0.01～1，大多电力设备的发射率在 0.9 左右，为了兼顾效率和准确性，一般检测的时候将辐射率设为 0.9；环境温度和湿度可根据便携式温/湿度计所测的数据设置。一般检测的时候根据设备和仪器之间的距离估计一个大概的值设为检测距离，巡视中可以不做调整。若要设置精确的距离参数，可以使用激光测距仪测得（部分热像仪本身就带有测距功能）。为了保证测量准确，仪器在测量时应尽量沿着被测物体表面的法线方向（受背景辐射和周边反射影响最小）进行测量。如果不能保证在法线方向上，尽量在法线方向成 30°角内进行测量，否则仪器测量值会有偏差（参考图 2-15）。以上几个参数中辐射率对测温结果影响最大。

（3）现场检测时在安全允许的前提下，越靠近设备，所测的结果越准确。但红外检测一般为带电检测，检测时的距离应不小于 GB 26860《电力

安全工作规程　发电厂和变电站电气部分》中所规定的安全距离，具体见表 2-1。对于输电线路的检测，不允许登高检测。

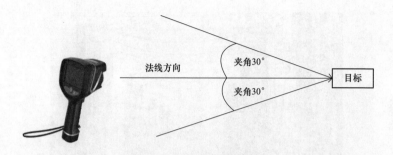

图 2-15　热像仪检测角度图

表 2-1　GB 26860《电力安全工作规程　发电厂和变电站电气部分》中所规定的安全距离

设备不停电时的安全距离	
电压等级（kV）	安全距离（m）
10	0.7
20、35	1
66、110	1.5
220	3
330	4
500	5
750	7.2
1000	8.7
±50 及以下	1.5
±500	6
±660	8.4
±800	9.3

注　1. 表中未列电压等级按高一档电压等级安全距离。
　　2. 13.8kV 执行 10kV 安全距离。
　　3. 750kV 数据按海拔 2000m 校正，其他等级数据按海拔 1000m 校正。

（4）变电站设备有固定的巡视路径，管理较精细的站还会有对应的巡视标识，一般检测的时候按照路径巡视设备即可。巡视路径一般经过规划和路面铺设，既能保证安全又能确保设备不遗漏，在巡视路径开展红外检测如图 2-16 所示。若发现设备温度分布有异常则需转为精确检测，或者在满足精确检测要求的时候复测。

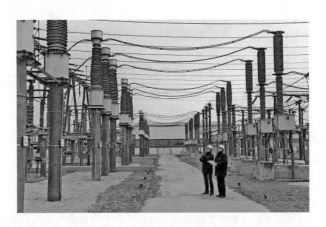

图 2-16　巡视路径开展红外检测

（5）由于带电设备金属部件发热较为常见，用铁红色（上限橘红色下限暗紫色）来表示发热比较形象，所以电力设备检测一般都选择铁红色的温标（也叫色标）。温标颜色其实是一种伪彩色，用不同颜色代表不同温度，通过图像算法使温差呈现更加直观。图 2-17 给出了几种较为常见的温标颜色。

图 2-17　几种较为常见的温标颜色

为了提高检测效率、呈现更好的图像效果还可以选择相关功能，如区域内自动最高、最低温的自动跟踪；红外图和可见光的融合成像。红外和可见光的融合主要有三种模式：①所测区域中温度高于设置温度的区域显示红外颜色，其他区域显示可见光；②所测区域中温度低于设置温度的区域显示红外颜色，其他区域显示可见光；③设置一个温度区间，使在该温度范围内的区域显示红外颜色，其他区域则显示可见光。

（6）根据实际检测情况可以充分利用热像仪自带的一些辅助功能，如设置区域内最高温、最低温、平均温、参考温度，对某些设备采用线测温等。现场检测中建议开启全屏最高温自动追踪功能，以辅助发现热点。引流板发热图如图 2-18 所示，开启区域最高温自动追踪功能的一张红外图。整张图最低温在天空，大约是－24℃，最高温在引流板位置，十字光标位置就是区域内最高温点温度为 45.8℃。线性温度分析主要用来分析低温差的设备，可以比较直观地显示线上的温度分布状态，较容易分辨温差。装温水的瓶子发热图如图 2-19 所示，可以分析整个杯子从上到下的热分布状态，从红外图可以很明显看出温度分布大致可以分为三段：背景为 1 分段，瓶子空气部分为 2 分段、瓶子装热水为 3 分段。由于三部分温差较大，采用线分析可以看到温度曲线有明显的阶跃，可以用来分析电压致热型设备和测套管的油位面。

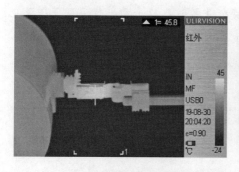
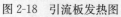
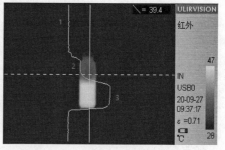

图 2-18　引流板发热图　　　　　图 2-19　装温水的瓶子发热图

（7）当热像仪长时间在户外工作，由于环境发生变化，为了保证测温更加准确需要视情况对环境参数进行重新设置，主要是环境温度、湿度两个参数。

>> 【原文】

5.2 精确检测

在安全距离允许的条件下，红外热像仪宜尽量靠近被测设备，使被测设备（或目标）尽量充满整个仪器的视场，必要时，应使用中、长焦距镜头。线路检测应根据电压等级和测试距离，选择使用中、长焦距镜头。操作方法和具体要求如下：

——宜事先选取2个以上不同的检测方向和角度，确定一最佳检测位置并记录（或设置作为其基准图像），以供今后复测用，提高互比性和工作效率。

——正确选择被测设备表面的辐射率，通常可参考下列数值选取：硅橡胶（含RTV、HTV）类可取0.95，电瓷类可取0.92，氧化金属导线及金属连接选0.9。更多材料、不同状态表面的辐射率可参照附录D选取。应注意表面光洁度过高的不锈钢材料、其他金属材料和陶瓷所引起的反射或折射而可能出现的虚假高温现场。

——将环境温度、相对湿度、测量距离等其他补偿参数输入，进行必要的修正。

——发现设备可能存在温度分布特征异常时，应手动进行温度范围及电平的调节，使异常设备或部位突出显示。

——记录被检设备的实际负荷电流、额定电流、运行电压及被检物体温度及环境温度值，同时记录热像图等。

>> 【解读】

为了对电流致热型设备和电压致热型设备获取更精确的温度数据，本条款提出了精确检测的现场要求。在满足一般检测的条件下，精确检测要求参数设置更加准确，拍摄的图谱更加规范。根据红外成像和检测的原理，在红外热像仪的最小成像距离之外，被测设备越靠近仪器，成像越清晰，检测结果越准确。所以在安全距离允许的情况下宜尽量靠近设备检测，使被测设备充满仪器视场。线路检测由于距离较远，根据铁塔高度可配备相应的中、长焦镜头。图 2-20 和图 2-21 是采用不同红外镜头对同一设备检测所呈现的效果。选用长 7°镜头拍摄的图细节更丰富，引流板上的小孔清晰可见。

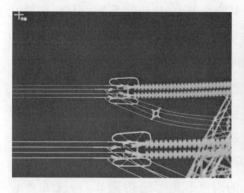 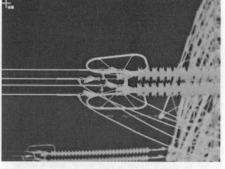

图 2-20 （12°镜头）热像图　　　　图 2-21 （7°镜头）热像图

（1）为了保证测温的一致性，应该在同方向、角度、距离进行同类设备红外检测，尽可能减小操作引起的误差，可以在仪器上设置一个矩形用来辅助定位。对于需要经常复测的设备，可以在地面做一个标记位，保证每次在同点位检测，为复测提供更有效的参考。图 2-22 为电流互感器精确检测图。此类垂直结构的设备，在设备显示完整的情况下尽量使设备的顶部

图 2-22 电流互感器精确检测图

和底部靠近显示屏的上沿和下沿。屏幕中间可以画一个矩形分析框，固定其大小，检测的时候把设备刚好完整地套在矩形里，这样可以保证所测设备距离的一致性。同时选取一致的检测角度和方位，减少风向和环境热辐射引起的误差，使同类设备对比更科学。

（2）发射率对测温结果影响很大，需正确选择被测设备表面的发射率，可查阅本规范附录 D《常用材料辐射率的参考值》。应注意同一材料表面光洁度和氧化腐蚀度不同，发射率相差很大，如镜面抛光的黄铜发射率约为0.03，而氧化黄铜发射率约为 0.6。对于低发射率设备进行红外检测时尤其要注意周边环境设备引起的反射，容易引起虚假高温或者低温。

（3）精确检测要求将当时环境参数在仪器里进行设置，主要有环境温度、相对湿度、测量距离三个参数，通过补偿算法使测得的数据更加准确。

（4）精确检测中为了使温差小的设备呈现更好的图像效果，尤其是对电压致热型设备的检测，可以对温标的跨度和电平进行调节。一般电平值为被测设备表面温度，跨度根据实际情况调节。跨度＝温标上限－温标下限；电平＝（温标上限＋温标下限）/2。图 2-23 是同一张储油柜图经过温标调节所呈现的不同效果，（b）图油位面清晰可见。

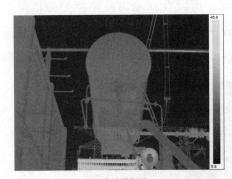 

(a) 自动温标图　　　　　　　　　　(b) 手动温标图

图 2-23　储油柜图

（5）精确检测要求保留每个设备的图谱，并记录检测时设备的实际负荷、额定电流、运行电压。后期需要把保留的图谱导入到电脑软件，对每一张红外热图进行细致分析。

≫ 【原文】

5.3 试验条件下的检测

通过对被测设备施加合适的电压或电流的方式，使被检测设备的温度达到检测需要的（或平衡的）状态，实施检测。

采用精确检测的方法对被检测设备进行测温检查。

旋转电机检测具体涉及的方法见附录 E。

≫ 【解读】

本条款主要介绍试验条件下的检测，并要求采用精确检测的方法。

（1）试验条件下的检测是为了对一些设备运行状态进行研究，包括极限状态。对于带电设备的检测，通过给设备加相应的试验电流和电压，研究其当时的温度状态和变化关系，多用于科研单位和实验室。

（2）试验条件下的检测对测试精度要求高，应选用高精度的红外热像仪，最好具备连续监测功能，可根据时间生成对应的温度曲线。检测标准需按精确检测的要求执行。试验前做好相应的准备工作，若试验设备在极限状态下运行具有危险性，则要做好防护措施，保证人员和设备的安全。在必要的情况下可以将仪器架设在现场安全区域，人员撤离，通过后台系统远距离控制现场的检测。

（3）旋转电机的发热主要来自两方面：机械磨损造成的发热和电气设备引起的发热。对于旋转电机的检测可参见本规范附录 E《旋转电机类设备缺陷诊断方法与判据》。

第六节　仪器管理和检验

≫ 【原文】

6.1 仪器配置

离线型红外热像仪一般是便携、手持式的非制冷型焦平面热像仪。仪器的选择和配置（包括专业检测单位的仪器选用），应根据运维单位的电气设备运行检修管理模式、设备电压等级、管理范围和系统规模以及诊断检测要求等实际情况，采取差异化配置。

在线红外检测（监测）热像仪，应根据所监测目标的重要性、要求实现的功能和热像仪系统的性价比等因素综合考虑，合理配置。

≫【解读】

根据使用场景的不同，红外热像仪分为离线型和在线型。本条款给出了两种类型红外热像仪的配置建议。

（1）离线型红外热像仪以非制冷型焦平面探测器为主，此类仪器启动快、体积小、功耗低、寿命长。检测目标需要在不同场合周期性巡检或者检测对象经常变化的，则配置离线型红外热像仪。离线型红外热像仪根据一般检测和精确检测来选配，一般检测的热像仪探测器像素不低于 160×120，320×240 像素更佳；精确检测的热像仪探测器像素在 320×240 以上。根据检测目标的大小和距离不同，可以给热像仪选配合适的镜头，图 2-24 为不同焦段的红外热像仪镜头。普通热像仪一般为定焦接头，要实现焦段变化只能通过更换镜头。一般 10kV 城配网用标准镜头（视场角约 25°镜头，检测目标约在 20m 以内）；35、66、110、220kV 线路一般可采用中焦镜头（视场角约 12°的镜头，检测目标在 20～40m）；330kV 以上电压等级的线路宜采用长焦镜头（视场角约 7°的镜头，检测目标在 40～80m）。

图 2-24　热像仪镜头图

变电站检测一般选用精确型红外热像仪，可配备广角镜头、标准镜头和中焦镜头。运维单位可根据设备规模、检测周期、诊断要求配备相应数量和类型的热像仪，同一单位可以采取差异化配置。其他带电设备的检测，可根据检测场景、精度的要求选择相应的仪器。

（2）检测目标需连续不间断地监测，则配置在线型红外热像仪。在线型红外热像仪一般要求探测器像素为 320×240，如有更高要求，则选配 640×480 及以上。在线型热像仪的配置要充分考虑安装场景的环境因素，比如南方夏天湿热、北方冬季寒冷、西北多风沙等客观气候因素，兼顾功能性和可靠性，合理配置。一般对异常设备或者重要设备安装在线型红外热像仪，如变电站内的主变压器。

≫ 【原文】

6.2 仪器管理

仪器管理应满足以下要求：

a）有专人负责保管，有完善的使用管理规定；

b）档案资料完整，具有出厂检验报告、合格证、使用说明、质保书和操作手册等；

c）存放应有防湿、干燥措施，使用环境条件、运输中的冲击和振动应符合产品技术条件的要求；

d）不应擅自拆卸，有故障时需到仪器厂家或厂家指定的维修点进行维修；

e）定期进行保养，包括通电检查、电池充放电、存储卡存储处理、镜头的检查等，以保证仪器及附件处于完好状态；

f）长期不用时，取出电池，并保持电池电量充足；

g）仪器应定期进行检验。检验不合格且不能修复的仪器应禁止使用。

≫ 【解读】

本条款对红外热像仪的管理提出了相应的要求。

（1）有条件的使用单位可以建立专用的仪器仪表室，由专人负责管理。

一切仪器的领用、外借、归还必须经过管理人员，确认好仪器当时的状态并做好相应记录。

（2）仪器配套的出厂检验报告、合格证、使用说明、质保书和操作手册等资料需要妥善保存。对于手持型红外热像仪一般配备便携包或者便携箱，资料可以和仪器一起保存。离线型热像仪的资料建议放资料室保存。

（3）存放应有防潮、干燥措施。在运输途中注意做好仪器防震保护，建议使用原装抗震箱和便携包。热像仪使用的时候肩带、手带连接要可靠，注意防止跌落、磕碰、镜头划伤。

（4）不得对仪器做破坏性试验，擅自拆卸。对有故障的仪器应禁止使用且要返回仪器生产厂家或在厂家指定的维修点维修。

（5）定期对仪器进行保养和检查，保持仪器清洁。确保各项功能使用正常，电池、充电器、存储卡都可以正常使用。仪器镜头若没有明显的脏污不用擦拭，若要擦拭必须用专用的镜头擦拭布。

（6）仪器长期不用时，取出电池，电池充满电存放；每隔一个月左右给电池充满电，保持电池的活性。每次使用前提前借出仪器，做好仪器的相关检查并且做好相应的准备工作，确保使用时仪器完备。

（7）仪器应定期（1～2年）送检测机构校验，不合格的产品应禁止使用，可以贴上禁用标签。

≫ 【原文】

6.3 红外热像仪的检验

6.3.1 检验基本项目及周期

红外热像仪的检验项目、检验周期、检验方法见表1。

表1　　　　　　　红外热像仪的检验项目、检验周期、检验方法

序号	检验项目名称	检验周期	检验方法条款
1	外观	1）首次使用时 2）1～2年 3）必要时	6.3.2.1

续表

序号	检验项目名称	检验周期	检验方法条款
2	准确度	1）首次使用时 2）1～2 年 3）必要时	6.3.2.2
3	热灵敏度（NETD）	必要时	6.3.2.3
4	连续稳定工作时间	必要时	6.3.2.4
5	测温一致性	1）首次使用时 2）1～2 年 3）必要时	6.3.2.5
6	环境温度影响	必要时	6.3.2.6

≫ 【解读】

　　红外热像仪为测量型仪器，必须定期进行校准，本条款主要解释检验的周期和内容。红外热像仪根据使用对象，检测项目略有不同，如外观、准确度、测温一致性三项必须在首次使用时进行检验，检验合格后方可使用。一般产品出厂都有检验合格证书，购买方也可以送去电科院、计量院等第三方机构进行检验，检测依据一般为 GB/T 19870《工业检测型红外热像仪》。以后每隔 1～2 年或有其他要求时再进行检验。一般为委托试验或者比对试验，主要检测准确度、测温一致性、连续稳定工作时间。其他几项则视情况进行检验，不论哪项检验不合格，都应禁止使用。

≫ 【原文】

6.3.2 检验基本方法

6.3.2.1 外观

　　热像仪的外壳、机械调节、各操作部件、按键、外露光学元件、触摸显屏、电器连接件等不应有影响原有性能的缺陷。

　　热像仪应标有制造商（或商标）、型号、编号及检验期内等标识。

》【解读】

(1) 外观检查应满足：包装完整、无配件缺失、技术资料完整；主机及各种配件的主体没有明显的划痕、凹陷、变形、脱漆、脏污；光学系统清洁无缺陷、镜头无划痕斑点、调整部件灵活；各种按键、触摸屏响应灵敏；各种接插件、连接件接触紧密可靠。

(2) 其他文字、数字标识、图标应印刷清晰易辨识；仪器铭牌应包含名称、型号、制造商、出厂编号等基本信息。对离线型红外热像仪有固定安装需求的设备，还要进行外形及尺寸的检查。

》【原文】

6.3.2.2 准确度

把黑体辐射源置于规定的工作距离，调节热像仪使其清晰成像，准确测温。黑体温度设置为热像仪温度范围每一量程的最高、最低和中点，热像仪分别测取温度值，计算各对温度的偏差，应满足测温准确度不超过±2℃或测量值乘以±2%（℃）（取绝对值大者）。

当 $t_2 < 100℃$ 时，按公式（2）计算：

$$\theta = t_2 - t_1 \tag{2}$$

当 $t_2 \geq 100℃$ 时，按公式（3）计算：

$$\theta = \frac{t_1 - t_2}{t_2} \times 100\% \tag{3}$$

式中：

θ——准确度；

t_1——已知标准黑体温度，单位为摄氏度（℃）；

t_2——热像仪测温读数，单位为摄氏度（℃）。

》【解读】

黑体是发射率接近于 1 的一个温度稳定参照体，黑体本身的温度稳定度根据测温量程在±0.05℃或者±0.1%，要求远高于热像仪的检测精度，具体见检测仪器要求。红外热像仪根据配置不同测温范围也有不同，在电力设备上较为常见的量程配置是−20～600℃。红外热像仪为了提高测温精度，一般会把测温量程分段。比如总量程为−20～600℃的仪器，有厂家分为3档：−20～150℃；120～350℃；300～600℃。每一档量程的上限值、下限值和中间值都需要进行准确度测量。

（1）在小于100℃的时候，测温精度合格的要求是±2℃。比如精密黑体设置的温度为10℃，热像仪测得的温度在8～12℃范围内都是合格的。

（2）在大于100℃的时候，测温精度合格的要求是测量值乘以±2%（℃）。比如精密黑体设置的温度为200℃，热像仪测得温度在196～204℃为合格。

6.3.2.3 热灵敏度（NETD）

在观察低空间频率的标准四杆靶的情况下，当其视频信号的信噪比（S/N）为1时，观察人员可以分辨的最小目标即目标与背景之间的等效温差。50mm焦距，相对孔径为1时，NETD宜小于0.15K。

【解读】

NETD指的是信噪比为1时，热像仪所能分辨的最小温差，要求带电设备红外检测热像仪NETD小于0.15K。图2-25为检测热像仪NETD平台的结构示意图。

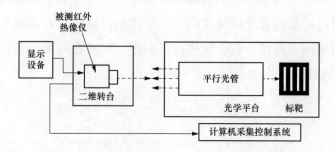

图2-25 检测热像仪NETD平台的结构示意图

检测时将红外热像仪放到二维转台，通过平行光管对准靶标测其温度，分为目标温度和背景温度。显示设备主要目的是为了看清楚靶标，方便选择目标区域和背景区域。

通过公式计算：

$$NETD = \frac{\Delta T}{S/N} \qquad (2\text{-}1)$$

式中　ΔT——目标温度和背景温度的差值，由热像仪测得，背景温度设在环境温度值附近，设定温差一般为 $2℃$，若热像仪信号输出饱和，则可降低 ΔT 值；

　　　　S——信号电平，单位为伏特（V），由计算机采集控制系统读取；

　　　　N——均方根噪声电平，单位为伏特（V），由计算机采集控制系统读取。

≫【原文】

6.3.2.4 连续稳定工作时间

　　将标准源黑体温度设定为 50℃，每隔 10min 测量一次，不操作热像仪，只读取数据，计算温度的偏差，应满足测温准确度的要求。测试时间根据热像仪的类型规定为：在线型不小于 10h；离线型不小于 2h。

≫【解读】

在满足准确度的情况下，热像仪能够连续稳定工作的时间。测稳定度一般只选取 50℃一个温度值，每隔 10min 记录一个读数，计算准确度，要求所有数值都满足测温准确度要求。可以将热像仪放置在测试台或者三脚架上，测试期间不得移动和更改热像仪参数，要求在线型设备检测时间不小于 10h，离线型不小于 2h。

≫【原文】

6.3.2.5 测温一致性

　　按规定设置测温距离，设定精密低温面黑体温度，将面黑体分九个区域，且和热像仪视场区域相对应，面黑体的图像充满视场并清晰成像。记录视场每个区域中心点温度，计算各点对中心区域点温度偏差值。

结果应满足：一般检测不超过±2℃（0～100℃），精确检测不超过±0.5℃（0～100℃）。

注：在不用面黑体源的情况下，建议使用低温腔式精密黑体源进行测温一致性检验。

≫ 【解读】

测温一致性主要是体现整个探测器像素测温的均匀性。一个探测器中多个像元素（通常所说的像元或者像素）组成，每一个像素对红外热辐射的吸收存在差异，会造成测温的偏差。一般红外热像仪探测器整个是长方形的，图 2-26 是一个封装好的探测器。

图 2-26　探测器图

标准镜头仪器测温一致性一般在 2m 的距离进行检测，将热像仪屏幕分成九宫格，每一格的中心位置取一个读数和中心位置读数比较，计算偏差值。一般选用高精度面源黑体，检测时尽量保证面源能充满所测那个九宫格。图 2-27 是红外热像仪的屏幕，测温一致性需要计算各分区中心点的温度和区域 5 中心温度的偏差，满足相对应的指标方为合格。

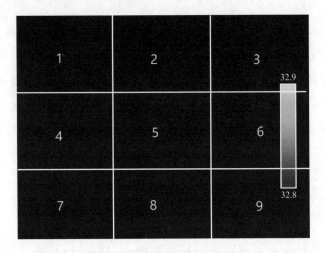

图 2-27　红外热像仪的屏幕图

若选用腔式黑体，则需选用低温精密黑体源。通常选取的特征温度为50℃或者 100℃，对于一般检测型的仪器要求误差在 ±2℃，精确检测型仪器要求误差在 ±0.5℃。

≫【原文】

6.3.2.6 环境温度影响

将热像仪置于恒温恒湿箱内，操作方法如下：

a）设置黑体温度为热像仪测温范围任一温度；

b）将可控环境温度的恒温恒湿箱设置到 20℃，待其稳定后，保温 2h 后开启热像仪，15min 后开始测量黑体的温度；

c）记录该读数 t_0，然后关闭热像仪；设置恒温恒湿箱的温度为 $-50℃\sim-10℃$，保温 2h 后开启热像仪，15min 后测量黑体的温度，记录该读数 t。

当 $t_0 < 100℃$ 时，按公式（4）计算：

$$\varphi = |t - t_0| \tag{4}$$

当 $t_0 \geq 100℃$ 时，按公式（5）计算：

$$\varphi = |t - t_0| / |t_0| \times 100\% \tag{5}$$

式中：

φ——环境温度影响；

t——热像仪在$-50℃$～$-10℃$的测温读数，单位为摄氏度（℃）；

t_0——环境温度为$20℃$时的测温读数，单位为摄氏度（℃）。

结果应满足测温准确度的要求。

【解读】

此参数测试的是仪器在不同环境温度下测温的准确性，重点是高温和低温下仪器的适应性。

（1）通常将被测精密黑体的温度设为$50℃$。

（2）将恒温恒湿箱设置温度为$20℃$，待其稳定后将热像仪放入恒温恒湿箱$2h$，$2h$后开启热像仪，再过$15min$测量黑体的温度。后续整个操作热像仪可以不用从恒温恒湿箱拿出来，直到整个测试结束。

（3）记录当时的黑体测温读数为t_0，然后将红外热像仪关机。将恒温恒湿箱温度设置为$-50℃$～$-10℃$任一温度（一般取$40℃$或者$0℃$），$2h$后开启热像仪，再过$15min$测量黑体的温度，此时的温度记为t。环境温度影响需满足准确度的要求，即$t-t_0$的差值在$\pm2℃$以内。图2-28和图2-29

图2-28　高低温试验箱图

图2-29　恒温恒湿试验箱图

是用来测环境温度影响的高低温试验箱和恒温恒湿试验箱。

【原文】

6.3.3 检验实验室的基本要求

6.3.3.1 环境要求

根据 GB/T 19870 相关要求，实验室室内照明不得使图像质量受到明显的影响，实验室温度 23℃±5℃，相对湿度 40%～80%，达到清洁要求。

【解读】

本规范是一部全面的关于红外热像仪的文档，不局限于现场应用，本条款主要提出了对红外热像仪进行规范检测、校验的实验室建设的环境要求和仪器仪表配置要求。实验室的照明亮度要使仪器的成像质量不受影响，这方面主要是评测红外热像仪的可见光成像，红外成像不受影响。要满足实验室相应的温度 23℃±5℃、湿度 40%～80%要求，达到实验室的清洁标准。

【原文】

6.3.3.2 检测仪器要求

精密低温面黑体：温度范围为 −25℃～+100℃（100mm×100mm 面阵）；温度均匀性为±0.05℃；准确度为±0.03℃；辐射率为 0.97±0.02；稳定度为±0.05℃。

腔式低温精密黑体：温度范围为 −25℃～+100℃；准确度为±0.2℃；辐射率为 0.99±0.01；稳定度为±0.05℃。

腔式中温精密黑体：温度范围为 50℃～1050℃；准确度为±0.6℃或±0.2%（取绝对值大者）；辐射率为 0.99±0.01；稳定度为±0.1℃。

准直光管（平行光管）：焦距至少大于被测热像仪焦距 3 倍，通光口径大于热像仪接受口径的准直镜，产生平行光束来模拟无穷远处的红外辐射。

其他要求：应具备光学平台、靶标切换系统、高分辨率监视器、计算机及信号采集处理系统等设备。

▶ 【解读】

本条款提出了实验室用来检测红外热像仪的实验设备的要求。仪器的检验主要有校准试验和型式试验。校准试验主要检测热像仪测温准确度、稳定性和一致性；型式试验则检测的是热像仪的整机性能，一般由厂家对新型号产品进行送检，按 GB/T 19870《工业检测型红外热像仪》标准严格执行。检验形式不同，对实验室仪器的配置要求也不同。红外热像仪最主要的作用是测温，对作为提供标准温度源的黑体有严格的精度要求。面源型黑体整个发热的部分为一个均匀的面，可以是圆形或者正方形；腔式的黑体发热部分面积较小，在腔体通道的底部。一般中高温黑体腔式的较多。

（1）对实验室配置的精密低温面黑体提出以下技术参数要求：温度范围、面源尺寸、面源温度均匀性、准确度、辐射率、稳定度。

（2）对实验室配置的腔式低温精密黑体提出以下技术参数要求：温度范围、准确度、辐射率、稳定度。

（3）对实验室配置的腔式中温精密黑体提出以下技术参数要求：温度范围、准确度、辐射率、稳定度。其中准确度允许误差为±0.6℃或所设置温度值的±0.2%，取其中绝对值大者。图 2-30 为常见的面源式黑体和腔体式黑体。

图 2-30 面源式黑体（左）和腔体式黑体图（右）

（4）平行光管（见图 2-31）主要是模拟来自无限远的光束，要求平行光管焦距大于被测热像仪焦距的 3 倍。现阶段市面上用的热像仪焦距基本不超过 150mm，600mm 左右焦距的平行光管基本能满足热像仪检测的要求。通光口径要求大于热像仪镜头直径。

图 2-31　平行光管系统图

（5）随着实验室仪器的发展，供应商可以提供平行光管成套系统，包括靶标、黑体、显示器、信号采集，可以测热像仪的焦距、NETD、空间分辨率等参数。

【原文】

6.3.3.3 检测仪器的误差

　　仪器设备的允许误差或准确度应不大于被控参数允许误差的 1/3，并且按照国家有关计量法规进行选择和周期检定。

【解读】

　　实验仪器的误差应该远小于被测设备参数的允许误差。如按照检测仪器要求，精密低温黑体允许的误差在 ±0.05℃。而精确检测型红外热像仪在测温度一致性的时候允许的误差是 ±0.5℃。通过计算，检测仪器的允许误差为被控参数允许误差的 1/10，远小于 1/3。为了保证实验室仪器的精度，平时须进行周期性鉴定，按国家计量法规定检验周期应小于一年；当实验仪器有异常时，要及时校验。

第七节 红外检测周期

【原文】

7.1 一般要求

检测周期原则上要求根据电气设备在电力系统中的作用及重要性、被测设备的电压等级、负载容量、负荷率、投运时间和设备状况等综合确定。

因热像检测出缺陷而做了检修的设备，应进行红外检测。

【解读】

本条款解释了带电设备红外检测周期中的一般要求。红外检测具有非接触、远距离的特点，可以实现带电检测，是一种常规化的手段。不同单位根据重视程度和设备运行状态有固定的检测周期。比如电力部门根据日常的用电量和检修计划，安排状态检测。一般在迎峰度夏和迎峰度冬之前安排精确检测，以便在用电高峰期之前安排检修。在用电高峰期和其他特殊保电期间可安排每日巡视检测。

在设备试运行期间、新投运后，或者检修完成后的 48h 内（24h 后）应进行红外检测，以便及时发现设备异常状态。

【原文】

7.2 变（配）电设备的检测

变（配）电设备的检测周期应满足以下要求：

a）正常运行变（配）电设备：

1）1000kV 和 ±800kV 交、直流特高压变电（换流）站全站设备，每年宜不少于 3 次检测，其中一次宜做诊断检测；

2）330～750kV交、直流超高压变电（换流）站全站设备，每年宜不少于2次检测，其中一次宜做诊断检测；

3）220kV及以下变（配）电站、换流站设备，每年不少于1次检测，重要枢纽站或重要供电用户设备可增加检测次数和诊断检测；

b）运行环境差、运行年久或有缺陷的设备，大负荷运行期间、系统运行方式改变且设备负荷陡增等情况下，应增加检测次数；

c）新建、改扩建、大修后或停运超过半年的设备，在投运带负荷后不超过1个月内（至少在24h以后）进行一次检测；

d）有条件检测单位均宜至少对主要电气设备做一次红外诊断性检测，并形成报告或建立红外数据（图）库。

注：电气红外检测报告和记录格式参见附录F。

》【解读】

本条款给出了不同设备、不同状态下变（配）电设备的检测周期。

（1）正常运行设备，主要是根据电压等级和重要性确定检测频率和方式（一般检测和精确检测）。电压等级越高，涉及的用户越多，设备越重要，检测的频次越高。一般要求特高压设备每年检测不少于3次，至少一次精确检测；超高压设备每年检测不少于2次，至少一次精确检测；其他设备每年检测不少于一次。

（2）对于运行环境差的设备需要相应地增加检测次数，比如变电设备周边化工厂多、粉尘大，设备运行年限接近使用年限，设备一直处于高位运行状态。

（3）在一些特殊时期改变过设备的运行状态，应在24h后进行检测，比如停运后、检修后、改建后。

（4）有条件的单位应对所有主要设备做一次精确检测，同时出具检测报告，初步建立设备档案。有些高端的红外热像仪厂家提供智能数据库软件，可以把每次检测的图谱传到数据库，实现三相对比、历史对比和智能诊断。电气设备红外检测报告可参见本规范附录F《电气设备红外检测管

理及检测报告》。智能诊断数据库是近些年推出的集红外设备诊断和管理的
系统。一般提供设备基准模型，实现标准化红外拍摄。根据
电力设备台账生成要拍摄的设备清单也就是任务包，将任
务包下发到仪器里，检测时会根据设备名称自动匹配相应的
模型，图 2-32 为 110kV 避雷器模型图，检测时尽量将避雷器
置于模型框架内。按任务包检测的红外图会根据设备清单自
动命名和分析，可通过有线或者无线将红外图谱批量上传到
计算机的数据库。数据库会根据设备模型按 DL/T 664—2016
《带电设备红外诊断应用规范》对设备进行初步智能诊断。
红外数据库一般提供缺陷管理、三相对比、历史对比功能，

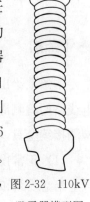

图 2-32 110kV
避雷器模型图

可自动生成检测分析报告，提高了检测的工作效率。

» 【原文】

7.3 输电线路的检测周期要求

输电线路的检测周期应满足以下要求：

a）正常运行的 500kV 及以上架空线路和重要的 220（330）kV 架空线路
接续金具，每年宜不少于检测一次；110（66）kV 线路和其他的 220（330）
kV 线路，不宜超过两年进行一次检测。

b）配电线路根据需要，如重要供电用户、重负荷线路和认为必要时，
宜每年检测一次，其他不宜超过三年进行一次检测。

c）新投产和大修改造后的线路，可在投运带负荷后不超过 1 个月内（但
至少 24h 以后）进行一次检测。

d）对于线路上的瓷绝缘子和合成绝缘子，建议有条件的（包括检测设
备、检测技能、检测要求以及检测环境允许条件等）也可进行周期检测。

e）对电力电缆，主要是检测电缆终端和中间接头，对于大直径隧道施放
的电缆宜全线检测，110kV 及以上每年检测不少于两次；35kV 及以下每年
检测一次。

f）串联电抗器，线路阻波器的检测周期与其所在线路检测周期一致。

g）对重负荷线路，运行环境较差时应适当缩短检测周期；重大事件、节日、重要负荷以及设备负荷陡增等特殊情况下应增加检测次数。

» 【解读】

本条款给出了不同设备、不同状态下输（配）电设备的检测周期。输电线路的检测周期通常情况也是按照电压等级和重要程度进行确定，主要检测接续金具（耐张线夹、并沟线夹、直线接续管等）和绝缘子等。

（1）正常投运的线路根据电压等级和重要性确定检测周期，一般 500kV 以上架空线路和重要 220（330）kV 线路宜每年测一次；110（66）kV 和其他的 220（330）kV 线路至少每两年检测一次。

（2）配电设备至少每三年需检测一次。重要线路和重负荷的线路在有必要的时候（比如有保电需求）随时检测或者每年检测一次。重要客户主要是指一级负荷供电客户，如大型医院、炼钢厂、石油提炼厂或矿井等。

（3）对于新投运或者技改、维修后的设备应该在 24h 后尽量早进行检测，且不得晚于一个月，尽早发现设备异常以免产生严重后果。

（4）对于线路上的绝缘子（包括横担、悬垂绝缘子和支撑绝缘子）有条件的单位也可以开展检测。绝缘子为电压致热型设备，异常设备发热不明显，应尽量选择在夜间或者阴天的时候检测。绝缘子检测宜配备中焦或者长焦镜头，选用精确检测型红外热像仪。

（5）对于电力电缆的检测主要是对电缆终端、尾管护套、接地线分支箱、中间接头等部位进行检测。对于设有人行巡视道的电缆隧道则可以进行全线检测。对于电缆的检测按精确检测要求执行，室外电缆尽量在日落 2h 后检测。110kV 及以上电缆每年检测不少于两次，35kV 及以下电缆宜每年检测一次。

（6）对于输电线路上的其他设备比如避雷器、阻波器、串联电抗器与线路的检测周期相同，一般在检测线路的时候一并检测。

（7）对于运行环境差（粉尘、化学污染重）、负荷重、年限久的线路要缩短检测周期。对于节假日或者重大活动有保电需求的时候可以临时增加检测。

» 【原文】

7.4 旋转电机的检测周期要求

7.4.1 集电环和碳刷、出线母线的检测

　　集电环和碳刷、出线母线的检测应满足以下要求：

　　a）机组带负荷调试阶段至少进行一次检测；

　　b）新投产及大修后的机组应在带负荷运行 1 个月内进行一次检测；

　　c）运行中的机组，宜每 3 个月检测一次，必要时可缩短检测周期。

» 【解读】

　　本条款主要给出了旋转电机集电环、碳刷、出线母线的检测周期。旋转电机的过热主要有两方面原因造成：电气接触不良和机械摩擦。

　　集电环也叫导电环、滑环、集流环、汇流环等。它可以用在任何要求连续旋转的同时，又需要从固定位置到旋转位置传输电源和信号的机电系统中，能够提高系统性能，避免导线在旋转过程中造成扭伤。碳刷是传导电流的流动接触体，图 2-33 是碳刷与集电环示意图。碳刷的作用，是把电机

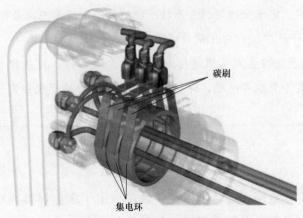

图 2-33　碳刷与集电环示意图

运行所需要的转子电流，通过与滑环上的连接片导入转子线圈，碳刷与连接片的吻合度和光滑度、接触面大小，影响其寿命和可靠性。在直流电机中，它还担负着对电枢绕组中感应的交变电动势，进行换向（整流）的任务。碳刷与集电环表面接触不良，集电环表面及碳刷组件过热等容易引起电机烧毁。其中，碳刷与集电环接触不良是导致集电环环火烧损事故的主要原因。碳刷与集电环接触不良引发局部打火，造成集电环温度升高，碳刷接触恶化，励磁电流在碳刷间分配不均，导致环火。碳刷与集电环表面接触不良通常难以直接发现。可通过打开集电环罩或者外壳对应集电环部位的温度检测来判断碳刷与集电环接触是否有异常。电机电气不良，着重检测母线搭接点、接线盒、套管等电气部件。

（1）在机组调试阶段需至少进行一次红外检测，包括电机维修后的调试和新投运后的调试。

（2）新投运及维修后应在24h后（1个月内）进行带负荷检测。

（3）运行中的电机建议每3个月进行检测，作为常态化工作。壳体的检测是对电机内部运行状态的一个初步判断，内部的温度要远高于壳体的温度，对于电机表面局部发热要引起重视。

≫【原文】

7.4.2 定子铁芯、定子绕组焊接头和转子绕组的检测

定子铁芯、定子绕组焊接头和转子绕组的检测周期应满足以下要求：

a）当定子铁芯进行磁化试验时进行检测；

b）当定子绕组直流电阻超标或者转子直流电阻、交流阻抗和功率损耗超标，怀疑定子绕组有断股、焊接头有开焊，或者转子绕组有匝间短路时进行检测。

≫【解读】

本条款主要给出了旋转电机定子铁芯、定子绕组焊接头和转子绕组的检测周期。定子是发动机或者电动机不动的部分，定子绕组是指安装在定

子上的绕组，也就是绕在定子上面的铜线；转子绕组是电机的电枢中按一定规律绕制和连接起来的线圈。定子铁芯、定子绕组和转子之间的气隙一起组成电机的完整的磁路（见图2-34）。在异步电机中，定子铁芯中的磁通是交变的，因而产生铁芯损耗。铁芯损耗包括两部分：磁滞损耗和涡流损耗。电机内部发热主要由定转子相擦、匝间短路、局部铁芯损坏、铁芯片间短路、断路、过载等引起。

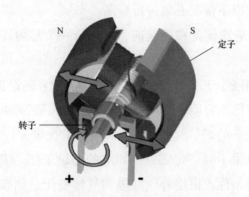

图2-34 电机转子和定子图

（1）当定子铁芯进行磁化试验的时候应检测铁芯是否有过热。

（2）当定子绕组直流电阻超标或者转子直流电阻、交流阻抗和功率损耗超标，怀疑定子绕组有断股、焊接头有开焊，或者转子绕组有匝间短路时宜进行检测，主要表现为整体或者局部的过热。

≫【原文】

7.5 SF_6 气体绝缘设备泄漏红外检测要求

SF_6 气体绝缘设备泄漏红外检测应满足以下要求：

a）SF_6 气体绝缘设备在投运前、投运后一个月内，以及解体检修后，可进行红外检漏检测；

b）补气间隔明显小于设计规定的，宜进行红外检漏检测；

c）运行中发现 SF_6 气体绝缘电气设备气室压力下降速率显著时，应进行红外检漏检测。

>> 【解读】

本条款给出了 SF_6 气体绝缘设备泄漏红外检测的周期要求。SF_6 气体由于绝缘性好、性能稳定在电气设备中广泛使用。以 SF_6 气体作为绝缘介质的电气设备，如断路器、变压器、互感器、GIS 都应当进行泄漏检测，气体的泄漏会影响供电的可靠性，必须及时处理。SF_6 气体的检漏一般都是有针对性的，在以下情况必须进行检漏。

（1）SF_6 气体绝缘设备在投运前、投运后一个月内，以及检修后都要建议进行检漏。

（2）对补气间隔小于 2 年或者年泄漏率达到 2％的设备应进行检漏。

（3）对与气室压力有明显下降或者压力接近报警值的时候应进行检漏。

另外，很多设备的 SF_6 气体泄漏受环境影响比较大，尤其是户外设备，为了提高检漏的效率平时一定要做好相应的记录工作。记录每一次补气的时间，当时的环境条件，根据补气间隔和气候变化总结规律。对一些间歇性泄漏的设备在泄漏峰值的时候开展检漏工作更容易找到漏点。对于气候变化较大的季节要积极巡视压力表，并记录数值，当有明显下降时积极开展检漏工作。

第八节　判　断　方　法

本章节主要讲述了根据所测设备的表面温度、温差和红外热像分布特征图等条件对被测设备缺陷进行判断。

>> 【原文】

8.1 表面温度判断法

主要适用于电流致热型和电磁效应致热型设备。根据测得的设备表面温度值，对照附录 G，结合检测时环境气候条件和设备的实际电流（负荷）、正常运行中可能出现的最大电流（负荷）以及设备的额定电流（负荷）等进行分析判断。

>> 【解读】

红外热像仪所测的温度是物体的表面温度，表面温度判断法就是基于物体表面温度来判断设备的缺陷（主要是最高温判断），也叫绝对温度判断法。本规范附录G给出了高压开关设备和控制设备各种部件、材料和绝缘介质的温度和温升极限。为了保证所测设备温度的准确性，要按照精确检测的要求、输入相应的修正参数、查询设备的材质输入正确的发射率。

检测时要注意当时设备的负荷，电流致热及电磁效应致热与电流大小变化是成正比的。负荷的不同造成设备发热情况不同，表面所测的温度也是不同的，会影响被测设备缺陷等级的划分。在小负荷的时候是一般缺陷，大负荷的时候可能转变为严重甚至紧急缺陷。所以要结合设备运行当时负荷、历史峰值、额定负荷，对设备发热趋势作预判并引起重视。对有异常的设备建议在运行负荷接近峰值时进行复测。

>> 【原文】

8.2 相对温差判断法

主要适用于电流致热型设备。特别是对于检测时电流（负荷）较小，且按照8.1未能确定设备缺陷类型的电流致热型设备，在不与附录G规定相冲突的前提下，采用相对温差判断法，可提高对设备缺陷类型判断的准确性，降低当运行电流（负荷）较小时设备缺陷的漏判率。

>> 【解读】

相对温差判断法主要适用于电流致热型设备，相对温差的计算也是基于所测设备的表面温度。相对温差的计算公式见本章第三节，相对温差判断法是对表面温度判断法的补充。电流致热型设备发热程度与负荷成正比，在设备处于低负荷运行的状态下，往往不能体现设备真正的缺陷状态。对所有发热设备，通过表面温度判断法不能确定其为紧急缺陷的都应采用相对温差判断法进行补充判断，最终判定结果采取从重原则。注意相对温差的判断不可与附录 G《高压开关设备和控制设备各种部件、材料和绝缘介质的温度和温升极限》相冲突，即在温度和温升极限内采用相对温差判断法补充。图 2-35 是某主变间隔隔离开关引流环部位发热案例。

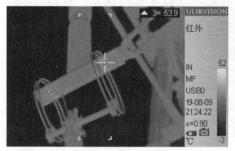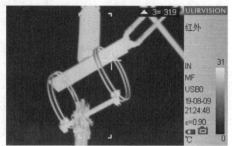

(a) 隔离开关A相（发热相）图　　　　　　(b) 隔离开关B相（正常相）图

图 2-35　隔离开关引流环部位发热

图 2-35 为隔离开关接触环与引流板连接部位的发热（检测时环境温度为 29℃）。（a）为隔离开关 A 相（发热相），最高温度：53.9℃；（b）为隔离开关 B 相（正常相），最高温度：31.9℃。

按照表面温度判断法：根据附录 H 电流致热型设备刀闸的判断，未达到 90℃为一般缺陷；

按照相对温差判断法：（53.9－31.9）/（53.9－29）×100％＝88.3％，大于 80％判为严重缺陷。

该设备发热时未在最高负荷运行，同时主变间隔负荷变化大，先判定为严重缺陷，要加强跟踪，在高负荷时进行复测。

》【原文】

8.3 图像特征判断法

主要适用于电压致热型设备。根据同类设备的正常状态和异常状态的热像图，判断设备是否正常。注意应尽量排除各种干扰因素对图像的影响，必要时结合电气试验或化学分析的结果，进行综合判断。

>> 【解读】

图像特征判断法主要用于判断电压致热型设备，也适用于电流致热型设备内部缺陷，比如主变本体内部的涡流发热。通过被测设备红外图的热分布状态来判断设备是否有缺陷。需要检测人员对设备运行状态的红外热分布图非常熟悉，同时参照周边同类设备的红外热分布图进行缺陷判断。检测时注意周边的热辐射的影响，设备缺陷原因可结合其他手段如介损测量、油色谱分析、局放检测、微水分析等手段综合评定。图 2-36 为主变本体局部发热即图中画圈部分，正常情况下此部位温度应该和旁边相近；图 2-37 为避雷器局部发热即图中画圈部位，正常情况下整节避雷器温度应该是均匀的。

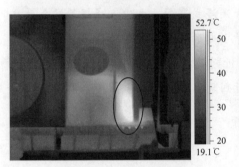 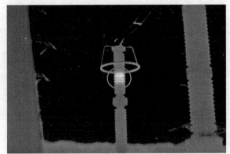

图 2-36　主变本体发热图　　　　图 2-37　避雷器局部发热图

>> 【原文】

8.4 同类比较判断法

根据同类设备之间对应部位的表面温差进行比较分析判断。对于电压致热型设备，应结合8.3进行判断；对于电流致热型设备，应先按照8.1进行判断，如未能确定设备的缺陷类型时，再按照8.2进行判断，最后才按照8.4判断。档案（或历史）热像图也多用作同类比较判断。

>> 【解读】

当温度判断法、相对温差判断法、图像特征判断法，都无法确定设备的缺陷性质，则可以采用同类比较判断法或者历史档案对比法。同类设备一般指相同型号的设备，具体见本书第二章第三节同类设备的定义，最常见的是三相对比。同一间隔的三相设备除了型号相同制造厂商多数也相同，运行状态和周边环境也一致，这样的对比更具有参考价值。若是现场无法找到同类设备，建议对该设备建立档案。对同一设备在相同角度和位置，在不同时期进行多次检测，每次检测都保留图谱，对不同时期的图谱进行比对分析。

❯❯【原文】

8.5 综合分析判断法

　　主要适用于综合致热型设备。对于油浸式套管、电流互感器等综合致热型设备，当缺陷由两种或两种以上因素引起的，应根据运行电流、发热部位和性质，结合8.1～8.4，进行综合分析判断。对于因磁场和漏磁引起的过热，可依据电流致热型设备的判据进行判断。

❯❯【解读】

　　综合分析法主要针对综合致热型设备，发热部位往往在设备内部。此类设备致热原因要根据发热部位、运行负荷具体分析。优先采用电压致热缺陷判断，若是由电压引起的发热则缺陷等级判断为严重或者紧急。对于因磁场和漏磁引起的发热，比如涡流发热，主变螺栓发热按电流致热型缺陷判断，可优先采用表面温度判断法。图 2-38 为 GIS 螺栓发热，该部位表面是

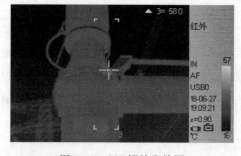

图 2-38　GIS 螺栓发热图

没有电流流过的，发热是由于电磁效应引起的。图 2-39 为电流互感器出线接头内部发热，根据结构分析是内连接发热，可用电流致热型标准判断。

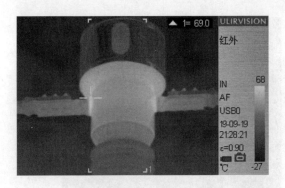

图 2-39　电流互感器出线接头内部发热图

» 【原文】

8.6 实时分析判断法

在一段时间内让红外热像仪连续检/监测一被测设备，观察、记录设备温度随负载、时间等因素的变化，并进行实时分析判断。多用于非常态大负荷试验或运行、带缺陷运行设备的跟踪和分析判断。

» 【解读】

实时分析指的是对设备进行连续监测，通过软件生成实时的温度曲线，观察其与负荷、环境、时间等因素的对应关系。在整个实时监测的过程中判定缺陷采取从重的原则。一般可在实时软件里面设置相应的预警，必要的时候采取降负荷，停运等手段，避免事故的发生。连续监测（也叫重症检测）多应用在下面几种场景：运行设备负荷洪峰期；带缺陷运行设备在某些情况下可能产生设备安全问题时；试验新设备新技术时。

图 2-41 是对图 2-40 主变本体正常部位和发热部位进行实时监测形成的温度曲线图。红色和蓝色曲线分别代表区域 S01 和 S02 内最高温度在不同负荷下的变化。可见在低负荷的时候两者温差很小，在大负荷的情况下发热部位温升明显。

79

S01-Max 56.3℃　　　　　　　　S02-Max 35.7℃

图 2-40　主变本体局部发热图

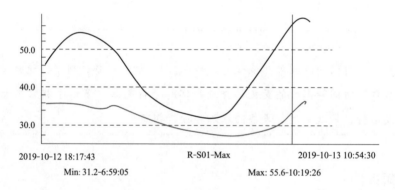

2019-10-12 18:17:43　　　　　R-S01-Max　　　　　2019-10-13 10:54:30
　　　　Min: 31.2-6:59:05　　　　　　　　Max: 55.6-10:19:26

图 2-41　温度曲线图

第九节　诊　断　判　据

≫【原文】

9.1 电流致热型设备的判断依据见附录 H。

9.2 电压致热型设备的判断依据见附录 I。

9.3 旋转电机类设备缺陷诊断方法与判据见附录 E。

注：该三项诊断判据可作为进行智能检测和智能诊断应用时参考。

» 【解读】

常见的电力设备缺陷判断的标准可以参考附录 H、I、E，判断方法可以按照前节的 6 种判断方法，优先选用第一种判断，若第一种判断方法无法确定缺陷性质则依次选用下一种。企业如果有自己的标准也可以按照自己的标准执行但不应低于本规范。部分对运行时有严格温度限制的设备可以查看机器参数或者咨询设备生产厂商后再进行判断。近些年推出的电力系统智能诊断系统内嵌的缺陷判断标准也是按照本规范附录 H、I、E 执行。

第十节 缺陷类型的确定及处理方法

» 【原文】

10.1 红外检测发现的设备过热（或温度异常）缺陷应纳入设备缺陷技术管理范围，按照设备缺陷管理流程进行处理。

10.2 根据过热（或温度异常）缺陷对电气设备运行的影响程度，一般分为三个等级。

» 【解读】

本条款介绍了红外检测中被测设备缺陷类型的确定及相对应的处理建议。

（1）设备缺陷指设备存在有影响安全、经济运行或设备健康水平的一切异常现象，红外检测中主要是指设备温度分布异常。各单位应建立红外检测设备缺陷管理制度或者纳入现有设备管理制度内，按照发现—记录—审核—汇报—处理—消除—验收的闭环流程执行。

（2）按照电力设备管理条例，将设备按照缺陷性质和轻重程度不同分为一般缺陷、严重缺陷、紧急缺陷三大类。红外缺陷也根据电力设备管理条例，将缺陷类型归为相同的三大类，纳入统一管理。判断的标准可以参考附录 H、I、E。

>>【原文】

a）一般缺陷：当设备存在过热，比较温度分布有差异，但不会引发设备故障，一般仅做记录，可利用停电（或周期）检修机会，有计划的安排试验检修，消除缺陷。

对于负荷率低、温升小但相对温差大的设备，如果负荷有条件或有机会改变时，可在增大负荷电流后进行复测，以确定设备缺陷的性质，否则可视为一般缺陷，记录在案。

>>【解读】

一般缺陷指对近期设备安全运行影响不大，不会引发设备故障，一般仅做记录，平时巡视的时候着重关注下，注意缺陷性质是否转变。对于负荷率低的电流致热型设备还应进行相对温差计算。建议在峰值负荷附近进行复测，若符合严重、紧急缺陷的判断标准则将缺陷等级上升为严重、紧急缺陷，否则仍视为一般缺陷记录在案。一般缺陷通常不单独安排试验检修计划，可利用停电计划或者周期停运检修的时候进行消缺。

>>【原文】

b）严重缺陷：当设备存在过热，或出现热像特征异常，程度较严重，应早做计划，安排处理。未消缺期间，对电流致热型设备，应有措施（如加强检测次数，清楚温度随负荷等变化的相关程度等），必要时可限负荷运行；对电压致热型设备，应加强监测并安排其他测试手段进行检测，缺陷性质确认后，安排计划消缺。

>>【解读】

严重缺陷指缺陷程度较为严重，短期仍可运行，但是应尽早作计划安排检修。同时在未消缺期间，要采取相应的措施，以避免设备短期恶化造成安全事故。对于电流致热型缺陷，根据需要可以上重症监护系统实时监测。若情况严重且有恶化的趋势，为了保证设备安全，可以采取限负荷或者降负荷运行。对于电压致热型缺陷，为了确定缺陷原因应尽快安排其他测试手段，比如介损测试、油色谱测试、交直流试验等，缺陷性质确定后立即安排消缺。

》【原文】

c）紧急缺陷：当电流（磁）致热型设备热点温度（或温升）超过"附录G"规定的允许限值温度（或温升）时，应立即安排设备消缺处理，或设备带负荷限值运行；对电压致热型设备和容易判定内部缺陷性质的设备（如充油套管缺油、冷却器阀未打开、高压电缆终端出现温度异常等）其缺陷明显严重时，应立即消缺或退出运行，必要时，可安排其他试验手段进行确诊，并处理解决。

电压致热型设备的缺陷宜纳入严重及以上缺陷处理程序管理。

各种电气设备缺陷部分典型红外热像图见附录J。

》【解读】

紧急缺陷指设备已经处在紧急状态，随时可能导致事故发生，必须立即安排处理。电流型致热设备若是发热点表面温度或者温升超过附录G《高压开关设备和控制设备各种部件、材料和绝缘介质的温度和温升极限》时应立即安排消缺处理。不能立即停电的可采取限负荷运行措施，使缺陷等级降到严重及以下。对于电压致热型缺陷若是已经明确故障类型及严重程度应立即安排消缺或者退出运行。

电压致热型的设备由于情况比较复杂，缺陷恶化程度比较迅速甚至容易引起突变，部分设备有引发爆炸的可能性，必须引起足够的重视，电压致热型缺陷等级一般判定为严重及以上。

各种电气设备缺陷的典型红外热图参见本书第三章对附录J的解读。

第三章

《规范》附录解读

第一节　附录A风级、风速的关系

≫【原文】

风级、风速的关系见表A.1。

表A.1　　　　　　　　　　风级、风速的关系表

风力等级	风速 m/s	地面特征
0	0～0.2	静烟直上
1	0.3～1.5	烟示风向，树枝略有摆动，但风向标不能转动
2	1.6～3.3	感觉有风，树枝有微响，旗帜开始飘动，风向标能转动
3	3.4～5.4	旌旗展开，树叶和微枝摆动不息
4	5.5～7.9	吹起灰尘，小树枝摆动
5	8.0～10.7	小树摇摆，内陆水面有水波
6	10.8～13.8	电线有声，举伞困难
7	13.9～17.1	步行困难

使用其他红外测温仪器（如红外点温仪等）进行诊断的可参照本规范执行。

≫【解读】

风力等级简称风级，是风强度（风力）的一种表示方法。国际通用的风力等级是由英国人蒲福（弗朗西斯·蒲福 Francis Beaufort）于1805年拟定的，故又称"蒲福风力等级"，它最初是根据风对炊烟、沙尘、地物、渔船、渔浪等的影响大小分为0～12级，共13个等级。后来又在原分级的基础上，增加了相应的风速界限。自1946年以来，风力等级又做了扩充，增加到18个等级（0～17级），详见表3-1。

表3-1　　　　　　风级风速对应关系及对应风级的表象对照表

风级和符号	名称	风速（m/s）	陆地物象	水面物象	浪高（m）
0	无风	0.0～0.2	烟直上，感觉没风	平静	0.0

续表

风级和符号	名称	风速（m/s）	陆地物象	水面物象	浪高（m）
1	软风	0.3～1.5	烟示风向，风向标不转动	微波峰无飞沫	0.1
2	轻风	1.6～3.3	感觉有风，树叶有一点响声	小波峰未破碎	0.2
3	微风	3.4～5.4	树叶树枝摇摆，旌旗展开	小波峰顶破裂	0.6
4	和风	5.5～7.9	吹起尘土、纸张、灰尘、沙粒	小浪白沫波峰	1.0
5	清劲风	8.0～10.7	小树摇摆，湖面泛小波，阻力极大	中浪折沫峰群	2.0
6	强风	10.8～13.8	树枝摇动，电线有声，举伞困难	大浪到个飞沫	3.0
7	疾风	13.9～17.1	步行困难，大树摇动，气球吹起或破裂	破峰白沫成条	4.0
8	大风	17.2～20.7	折毁树枝，前行感觉阻力很大，可能伞飞走	浪长高有浪花	5.5
9	烈风	20.8～24.4	屋顶受损，瓦片吹飞，树枝折断	浪峰倒卷	7.0
10	狂风	24.5～28.4	拔起树木，摧毁房屋	海浪翻滚咆哮	9.0
11	暴风	28.5～32.6	损毁普遍，房屋吹走，有可能出现"沙尘暴"	波峰全呈飞沫	11.5
12	台风（亚太平洋西北部和南海海域）或飓风（大西洋及北太平洋东部）	32.7～36.9	陆上极少，造成巨大灾害，房屋吹走	海浪滔天	14.0

当被测的设备处于室外露天环境时，在风力较大的条件下，由于受到风速对流冷却的影响，会使发热设备的热量被风力加速流动散发，而使缺陷设备的温度下降，造成测量温度比实际温度低，因此进行精确测温时，应在无风或风力很小的条件下进行，或根据实际检测条件做必要的修正。

野外简单判断0～2级风的方法：零级无风烟直上；一级软风烟稍斜；二级轻风吹脸面。

第二节　附录 B 检测仪器基本要求

带电设备红外诊断常用的红外热像仪有以下几种，离线型红外热像仪、在线型红外热像仪、车载/机载型红外热像仪和 SF$_6$ 气体检漏红外热像仪，见图 3-1。

(a) TI320+SF$_6$ 气体检漏红外热像仪

(b) SC600手持式离线型红外热像仪

(c) EX600系列机载/车载红外热像仪

(d) TC400系列在线型红外热像仪

图 3-1　带电设备红外诊断常用的红外热像仪图

》【原文】

离线型红外热像仪的基本要求见表 B.1。

表 B.1　　　　　　　　离线型红外热像仪的基本要求

技术内容		技术要求				备注
		一般检测		精确（诊断）检测		
		简配	标配*	简配	高配	
探测器	探测器类型	非制冷焦平面				
成像性能	红外分辨率（像素）	160×120 或 320×240	320×240	320×240 及以上	640×480 及以上	320×240 可选 384×288

续表

技术内容		技术要求				备注
		一般检测		精确（诊断）检测		
		简配	标配*	简配	高配	
成像性能	视场（FOV）	镜头配置满足空间分辨率	标准镜头（可选0.5、2、3倍镜头）			标准镜头：25°±2°
	波长范围	7.5～14μm				
	空间分辨率	＜2.8mrad	＜1.4mrad	＜0.7mrad		
		/	＜0.47mrad	＜0.24mrad		3倍镜头
	热灵敏度	＜80mK	＜60mK	＜60mK	＜40mK	30℃时
	图像帧频	不小于25Hz（非插值法）				
	图像显示	/	热图可见光可有叠加显示		叠加显示及DDE显示技术	
	调焦	自动/手动/电动				
	数字变焦	/	2倍、4倍连续变焦	1～8倍连续变焦，具备可更换长焦镜头，且自动识别	1～8倍连续变焦，具备可更换长焦、广角镜头，且自动识别	
温度测量	测温范围	−20℃～+350℃可分段量程				
	准确度	±2℃或读数的±2%				
	测温一致性	不超过中心值±2℃或读数的±2%（取绝对值大者）		不超过中心值±0.5℃（0～100℃）		
	测温方式	手动/自动，能设置可移动点，设置区域	手动/自动，能设置数个可移动点、区域，在区域内能设置最高温、最低温、等温线、温差，具有声音报警和颜色报警，同时自动跟踪最高/最低温度点			
	大气穿透率校正	/	根据输入的距离、大气温度和相对湿度校正测试温度			
	光学穿透率校正	/	根据内置的温度传感器对探测器周围的温度的漂移和增益（包括仪器本身的温度变化）进行连续的自动检验			
	辐射率校正	0.1～1.0可调（0.01步长），或者从预设菜单中选择				
	背景温度校正	能自动根据输入的温度校正				

续表

技术内容		技术要求				备注
		一般检测		精确（诊断）检测		
		简配	标配*	简配	高配	
仪器其他	内置数码相机	/	不低于300万像素、自动对焦、内置目标照明灯、全彩色、红外可见光可切换			
	激光指示器	/	带安全激光，夜间指示观测目标			
	内置取景器	/	高分辨率彩色取景器　像素不低于800×480			
	外部显示器	外置LCD液晶显示屏	外置LCD液晶显示屏，不低于3.5寸		外置LCD液晶显示屏（不低于3.5寸），角度可调节。像素不低于1024×600	
	视频流记录	/	仪器内可存储影像并传输至记忆卡内			
	数据传输接口	支持USB	支持USB，WiFi或蓝牙可选		支持USB、WiFi、蓝牙	
	红外图像文件格式	标准JPEG格式				
	可见光文件格式	/	标准JPEG格式，对对应的红外图像自动关联/可进行标识			
	工作环境	温度-15℃～50℃				
	存放温度	-30℃～+60℃				
	封装	IP54				
	电磁兼容	GB/T 18268.1				
	抗冲击性/抗震性	25g/2g				
	抗跌落	/				
	语音注释	/	语音注释，随图像一同存储			
	文本注释	能选择预设文本或设备名信息，与图像一起存储				
	报警功能	可设置报警阈值，自动进行声音或颜色报警				
	信号输出	/	视频输出	视频输出，温度流输出可选		
	整机重量	含电池小于2kg				
	存储卡	/	SD存储卡			
	电池	可充电锂电池，单个电池连续工作时间不小于2小时				
*一般检测的建议配置						

>> 【解读】

（1）红外分辨率（像素）：红外线探测器的分辨率。分辨率越高，图像越清晰，测温越准确，但随之成本越高，精确检测一般使用 320×240 以上分辨率。384×288 由于可以截取 320×240 范围内的面积，其分辨率效果不低于 320×240，所以可选择 384×288 的分辨率替换 320×240，见图 3-2～图 3-4。

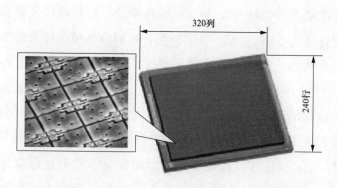

图 3-2　探测器结构图

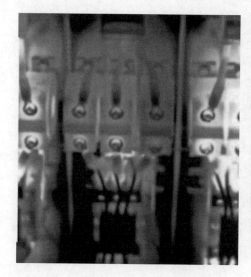

图 3-3　320×240 分辨率拍摄效果图

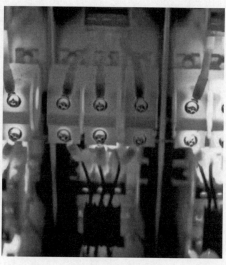

图 3-4　640×480 分辨率拍摄效果图

（2）视场（FOV）：也叫视场角（field of view angle），即使物体能在热像仪中成像的最大张角叫作视场角，见图 3-5。

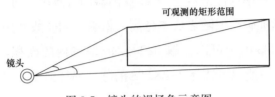

图 3-5　镜头的视场角示意图

（3）标准镜头是 25°±2°，对于一般检测的标配热像仪及精确检测的红外热像仪可选择 0.5 倍、2 倍、3 倍镜头，其对应的镜头度数等于标准镜头度数×倍数。例如，选择的标准镜头是 24°，那么 0.5 倍镜头表示 12°，2 倍镜头表示 48°。增倍镜具有不同的放大量。一只 2×增倍镜能够使影像的大小加倍，也就是说，安装它以后可以使镜头的焦距有效地加倍。

（4）波长范围：红外传感器适用的红外线波段，该波段范围是 7.5～14μm。选择 7.5～14μm 波段范围是尽量避免自然光对目标物体辐射的影响。自然光的红外光谱图见图 3-6，其 7.5～14μm 范围内的红外光谱明显处于较低水平。

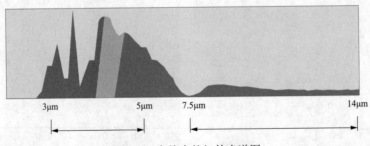

图 3-6　自然光的红外光谱图

（5）空间分辨率（IFOV）：也叫瞬时视场角（instantaneous field of view），表示热像仪对目标空间形状的分辨能力。通常以毫弧度（mrad）的大小来表示，数值越小，其分辨率越高。毫弧度计算公式如下

$$IFOV = \frac{2\pi \times D}{360° \times N}(\text{mrad}) \tag{3-1}$$

式中　D——镜头度数,°;

　　　N——水平或者垂直方向上对应的像素个数。

例如对于24°的标准镜头,热成像仪水平方向的分辨率是320,则代入公式,计算所得空间分辨率大小是1.3mrad。

毫弧度值乘以半径等于弦长,即目标的直径。如1.3mrad的分辨率意味着可以在100m的距离上分辨出$1.3 \times 10^{-3} \times 100m = 0.13m$的物体。在红外热像仪确定的情况下,其分辨率是确定的,因此改变空间分辨率,只能通过改变镜头。不同镜头倍数下的红外热成像图见图3-7。

(a) 标准镜头　　　　　　　　(b) 2倍镜头　　　　　　　　(c) 4倍镜头

图3-7　不同镜头倍数下的红外热成像图

(6) 热灵敏度(NETD):也叫噪声等效温差(noise-equivalent temperature difference),表示能从背景中精确的分辨出目标辐射的最小温度。例如对于精确检测的标配要求是<60mK,表示在30℃环境下,能分辨出低于0.06℃的温度变化。

(7) 图像帧频:表示红外图像中每秒有多少张图片,用Hz表示,图像帧频越高,捕捉动态物体的性能越好。人眼舒适放松时可视帧数是每秒24帧,对红外热像仪的帧频要求不小于25帧。非插值法,指不通过图像处理技术,人为添加过渡帧。

(8) 图像显示:图像显示的叠加显示值,可见光图像上局部叠加红外图像。DDE(digital details enhancement)指数字图像细节增强,是一种非线性图像处理算法,可以保留高动态范围图像中的细节。图3-8是叠加显示及DDE显示效果图,图3-9是原始图像和DDE显示。

图 3-8   目标红外图像叠加到可见光图像局部显示图

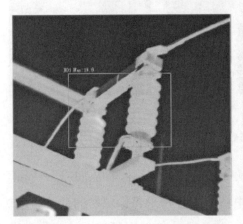

图 3-9   原始图像（左）DDE 显示（右）图

（9）调焦：调焦是指改变像距，也就是改变镜头光心到传感器像元底片的距离，调焦的过程是为了得到清晰图像。调焦的方式有三种，分别是手动调焦、电动调焦和自动调焦，其区别见表 3-2。

表 3-2   手动调焦、电动调焦和自动调焦对比表

手动调焦	指通过用手旋转镜头的方式调节像距，直至图像清晰。需要依赖人的视觉反馈
电动调焦	指通过操作软件或者按键多次，用电驱动镜头旋转的方式，调节像距，直至图像清晰。需要依赖人的视觉反馈
自动调焦	指通过操作软件或者按键单次，机器自动调节像距，直至图像清晰。不需要依赖人的视觉反馈

（10）数字变焦：是通过红外热像仪机内的处理器，把图片内的每个像素面积增大，从而达到放大目的。数字变焦一定程度上会有画质损失。对于精确检测的红外热像仪，需要具备 1～8 倍连续变焦，可更换长焦镜头，且自动识别镜头。更换镜头的方式不属于数字变焦，画质不会损失。数字变焦和更换镜头变焦的效果图见图 3-10。

(a) 标准镜头　　　　　　(b) 2倍数字变焦　　　　　　(c) 更换2倍镜头

图 3-10　数字变焦和更换镜头变焦的效果图

（11）测温范围：指应用红外热像仪可以测量的温度范围，要求是 $-20 \sim +350\text{℃}$ 可分段量程，例如测温范围是 $-20 \sim 150\text{℃}$（低温档），$150 \sim 350\text{℃}$（中温档）。量程分段的好处是可以提高测量精确度。

（12）准确度：指红外热像仪在一定条件下多次测定的平均值与真值相符合的程度，它用来表示误差的大小。准确度要求是 $\pm 2\text{℃}$ 或读数的 $\pm 2\%$。

（13）测温一致性：指红外热像仪的整个观测面对温度的响应需保持一致，一般对比中心点测量温度，例如不超过中心值 $\pm 2\text{℃}$ 或读数的 $\pm 2\%$（取绝对值最大），或不超过中心值 $\pm 0.5\text{℃}$（$0 \sim 100\text{℃}$）。

（14）测温方式：测温方式有手动或者自动两种模式，对于一般检测的简配需能设置可移动点、设置区域；对于一般检测的标配或者用于精确检测的仪器则可在区域内能设置最高温、最低温、等温线、温差，具有声音报警和颜色报警，同时自动跟踪最高/最低温度点。可设置点、线、框区域测温，并自动跟踪区域内最高温度。点、线、框区域测温效果图见图 3-11。

（15）大气穿透率校正：电磁波在大气中传播时，经大气衰减后的电磁辐射通量与入射时电磁辐射通量的比值就是大气穿透率。不同的环境状况这个比值不一样，就要通过手动输入距离、大气温度和相对湿度校正测试温度，见图 3-12。

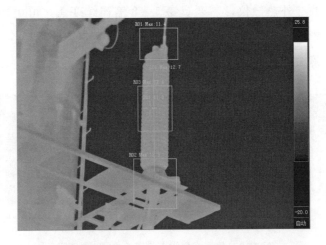

图 3-11　点、线、框区域测温效果图

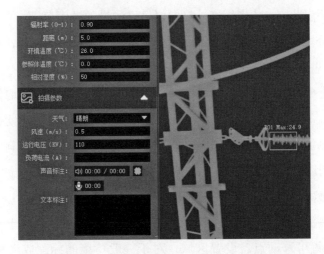

图 3-12　修改参数进行大气穿透率校正图

（16）光学穿透校正：电磁波在穿过大气时候，经过大气衰减后的电磁辐射通量与入射时电磁辐射通量的比值就是光学穿透率。光学穿透率一般是内置的温度传感器对周围环境温度的漂移和增益进行连续的自动校正。

（17）辐射率校正：辐射率是指衡量物体表面以辐射的形式释放能量相

对强弱的能力。物体的辐射率等于物体在一定温度下辐射的能量与同一温度下黑体辐射能量之比。黑体的辐射率等于 1，其他物体的辐射率介于 0 和 1 之间，辐射率设置的步长是 0.01。

（18）背景温度校正：背景温度即环境温度，通过输入温度值，仪器内部自动对温度进行校正输出，见图 3-12 环境温度设置。

（19）内置数码相机：一般检测的标配或者用于精确检测的红外热像仪配备有可见光数码相机，其性能参数不低于 300 万像素、可自动对焦并且内置目标照明灯、全彩色可见光显示、红外可见光可切换显示等功能，见图 3-13。

图 3-13　内置数码相机的可见光显示效果图

（20）激光指示器：一般检测的标配或者用于精确检测的红外热像仪配备有激光指示器，用于夜间指示观测目标。

（21）内置取景器：一般检测的标配或者用于精确检测的红外热像仪配备有内置取景器，像素不低于 800×480。取景器的主要作用就是预览构图，也就是确定画面拍摄的范围和布局，拍摄者通过取景的目镜预览拍摄对象。

（22）外置显示器：外置显示器用于红外图像的外部实时显示，一般都配备液晶显示屏。一般检测的标配或者用于精确检测的红外热像仪配备的液晶显示屏不低于 3.5 寸。对于精确检测的高配版，液晶显示器的角度可调节，且像素不低于 1024×600，方便操作人员观看。现有的外置显示器往往增加了触摸操控的功能，使用人员不仅可以实时观看红外图像，还可以进行仪器的操控和设置，见图 3-14。

（23）视频流记录：一般检测的标配或者用于精确检测的红外热像仪可对视频流进行记录和保存，保存的内容存放至记忆卡内。

（24）数据传输接口：数据传输接口是红外热像仪和电脑等其他电子设备之间进行连接的接口，通过这个接口可进行数据的相互传输。一般红外热像仪均支持 USB 接口，对于一般检测的标配及精确检测的简配需支持 USB 接口，WiFi 或蓝牙可选，对于精确检测的高配则需同时具备 USB、WiFi 和蓝牙，见图 3-15。

图 3-14　TI395 红外热像仪配备角度
可调节的外置显示器图

图 3-15　数据传输接口示意图
1—存储记忆卡槽；2—音频接口；
—USB 接口；4—内置 WiFi/蓝牙无线模块

（25）红外图像文件格式：红外热像仪为了存储红外图片使得电脑等其他设备可以方便打开而采取的一种文件编码方式。目前红外图像统一采用 JPEG 格式。

（26）可见光文件格式：存储可见光图片使得电脑等其他设备可以方便打开而采取的一种文件编码方式。用于一般检测的标配及精确检测的红外热像仪均有内置数码相机，在拍摄红外图像的过程中，可以同时拍摄可见光图片，它们之间可以自动关联或者可进行标记，见图 3-16。

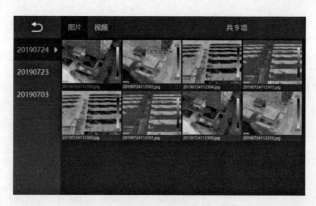

图 3-16 红外热像仪拍摄的可存储标记的可见光和红外图

(27)工作环境：指红外热像仪工作的环境温度，要求在－15～50℃之间可正常工作。

(28)存放温度：指红外热像仪保存的环境温度，要求在－30～60℃的环境下可正常保存。

(29)封装：封装代表红外热像仪的外形结构工艺，等级越高，其防水防尘效果越好，通常防护等级用 IP 等级表示，一共两个数字，第一个数字表示防护灰尘的能力，第二个数字表示防护水的能力。红外热像仪的封装等级要求为 IP54。表 3-3 和表 3-4 是 IP 防护等级的详细说明。

表 3-3 防尘等级说明表

数字	防护范围	说明
0	无防护	对外界的人或物无特殊的防护
1	防止直径大于 50mm 的固体外物侵入	防止人体（如手掌）因意外而接触到电器内部的零件，防止较大尺寸（直径大于 50mm）的外物侵入
2	防止直径大于 12.5mm 的固体外物侵入	防止人的手指接触到电器内部的零件，防止中等尺寸（直径大于 12.5mm）的外物侵入
3	防止直径大于 2.5mm 的固体外物侵入	防止直径或厚度大于 2.5mm 的工具、电线及类似的小型外物侵入而接触到电器内部的零件
4	防止直径大于 1.0mm 的固体外物侵入	防止直径或厚度大于 1.0mm 的工具、电线及类似的小型外物侵入而接触到电器内部的零件
5	防止外物及灰尘	完全防止外物侵入，虽不能完全防止灰尘侵入，但灰尘的侵入量不会影响电器的正常运作
6	防止外物及灰尘	完全防止外物及灰尘侵入

表 3-4　　　　　　　　　　　防水等级说明表

数字	防护范围	说明
0	无防护	对水或湿气无特殊的防护
1	防止水滴浸入	垂直落下的水滴（如凝结水）不会对电器造成损坏
2	倾斜15°时，仍可防止水滴浸入	当电器由垂直倾斜至15°时，滴水不会对电器造成损坏
3	防止喷洒的水浸入	防雨或防止与垂直的夹角小于60°的方向所喷洒的水侵入电器而造成损坏
4	防止飞溅的水浸入	防止各个方向飞溅而来的水侵入电器而造成损坏
5	防止喷射的水浸入	防持续至少3min的低压喷水
6	防止大浪浸入	防持续至少3min的大量喷水
7	防止浸水时水的浸入	在深达1m的水中防30min的浸泡影响
8	防止沉没时水的浸入	在深度超过1m的水中防持续浸泡影响。准确的条件由制造商针对各设备指定

（30）电磁兼容：是指设备或系统在其电磁环境中符合要求运行并不对其环境中的任何设备产生无法忍受的电磁干扰的能力，是对电子产品必须要做的检测内容，目前对红外热像仪的要求是符合 GB/T 18268.1 的要求。

（31）抗冲击性/抗震性：指抵抗冲击负荷/振动的能力，其大小使用重力加速度 g 的倍数表示。目前对抗冲击性的要求是 $25g$，对抗振性要求是 $2g$。

（32）语音注释：指红外热像仪从配备的麦克风录入语音信息对拍摄的内容进行解释说明，随图像一同存储。对于一般检测的简配不要求。

（33）文本注释：指红外热像仪通过按键或者触摸屏输入文字信息对拍摄的内容进行解释说明，随图像一同存储。对于一般检测的简配不要求。

（34）报警功能：红外热像仪可设置报警阈值，自动进行声音或颜色报警，见图 3-17。

（35）信号输出：是红外热像仪经过输入、处理、输出后产生的视频信号。对于一般检测的简配不需要视频输出，精确检测的红外热像仪需满足视频输出，温度流输出可选的功能。温度流输出指输出的视频信息包含红外热像仪测量的温度信息，随同视频信号一起输出。

（36）整机重量：指红外热像仪包含电池等部件的总质量，需小于 2kg。

（37）存储卡：是红外热像仪的存储介质，除用于一般检测的简配不需要简配，其余均需要有 SD 卡存储介质。SD 存储（Secure Digital Memory

Card）是一种基于半导体快闪记忆器的新一代记忆设备，由于它体积小、数据传输速度快、可热插拔等优良的特性，被广泛地于便携式装置上使用。

图 3-17 设置报警条件示意图

（38）电池：红外热像仪工作的能源供应，需可充电锂电池，单个电池连续工作时间不小于 2h。

≫【原文】

在线型红外热像仪的基本要求见表 B.2。

表 B.2   在线型红外热像仪的基本要求

技术内容		技术要求	备注
探测器	探测器类型	非制冷焦平面	
成像性能	红外分辨率（像素）	320×240 及以上	
	视场（FOV）	标准镜头（可选 0.5、2、3 倍镜头）	标准镜头：25°±2°
	波长范围	7.5～14μm	
	空间分辨率	＜1.4mrad	标准镜头（25°）
	热灵敏度	＜60mK	30℃时
	图像帧频	不小于 25Hz（非插值法）	
	调焦	自动/电动	
	数字变焦	1～4 倍连续变焦	

续表

技术内容		技术要求	备注说明
温度测量	测温范围	−20℃～＋350℃可分段量程	
	准确度	±2℃或读数的±2%	
	测温方式	自动跟踪区域内最高/最低温度点	
	大气穿透率校正	根据输入的距离、大气温度和相对湿度校正测试温度	
	光学穿透率校正	根据内置的温度传感器对探测器周围的温度的漂移和增益（包括仪器本身的温度变化）进行连续的自动检验	
	辐射率校正	0.1～1.0可调（0.01步长）	
	背景温度校正	能自动根据输入的温度校正	
仪器其他	数据传输接口	以太网 RJ-45	
	工作温度范围	温度−15℃～＋50℃	根据实际情况加护罩可扩展工作温度范围
	封装	IP54	
	抗冲击性/抗震性	25g/2g	
	电磁兼容	GB/T 18268.1	
	信号输出	视频输出，温度流输出可选	

≫ 【解读】

（1）数据传输接口：在线型红外热像仪的数据传输接口要求为以太网 RJ-45，RJ 是 Registered Jack 的缩写，意思是"注册的插座"。在线型红外热像仪的数据接口采用 RJ45 接口，一方面得益于该接口极高的传输速率，每秒可达 1000M，方便图像、温度数据实时传输。另一方面，在线型红外热像仪往往都配备计算机主机进行监视和控制，而目前计算机网络的接口就是采用 RJ45 的接口。

（2）根据实际情况加护罩可扩展工作温度范围：在线型红外热像仪一般长期安装于户外，部分安装环境恶劣，需要结合实际情况安装防护护罩来适应周围环境，见图 3-18。

(a) IP67等级的防护罩　　　　(b) 水冷防护罩　　　　(c) 气冷防护罩

图 3-18　不同安装环境选配不同的防护罩图

（3）其余部分解读参见离线型红外热像仪的参数解读。

≫【原文】

车载、机载型红外热像仪的基本要求见表 B.3。

表 B.3　　　　　　　车载、机载型红外热像仪的基本要求

技术内容		技术要求	备注说明
探测器	探测器类型	非制冷焦平面微热型	
成像性能	红外分辨率（像素）	320×240 及以上（机载要求 640×480 及以上）	
	视场（FOV）	标准镜头（可选 0.5、2、3 倍镜头）	标准镜头：25°±2°
	波长范围	7.5～14μm	
	空间分辨率	＜1.4mrad	标准镜头（25°）
	热灵敏度	＜60mK	30℃时
	图像帧频	不小于 50Hz（非插值法）	
	调焦	自动/电动	
	数字变焦	1～4 倍连续变焦	
温度测量	测温范围	−20℃～+350℃可分段量程	
	准确度	±2℃或读数的±2%	
	测温方式	自动跟踪区域内最高/最低温度点	
	大气穿透率校正	根据输入的距离、大气温度和相对湿度校正测试温度	
	光学穿透率校正	根据内置的温度传感器对探测器周围的温度的漂移和增益（包括仪器本身的温度变化）进行连续的自动检验	
	辐射率校正	0.01～1.0 可调（0.01 步长）	
	背景温度校正	能自动根据输入的温度校正	

续表

技术内容		技术要求	备注说明
仪器其他	数据传输接口	以太网 RJ-45	根据实际情况加护罩可扩展工作温度范围
	工作温度范围	温度－15℃～50℃	
	封装	IP54	
	抗冲击性/抗震性	$25g/2g$	
	电磁兼容	GB/T 18268.1	
	信号输出	视频输出	
	整机重量	含电池小于 $2kg$	

》【解读】

解读参见离线型红外热像仪的参数解读。

》【原文】

SF_6 气体检漏红外热像仪的基本要求见表 B.4。

表 B.4　　　　　　　　　SF_6 气体检漏红外热像仪的基本要求

技术内容		技术要求	备注说明
探测器	探测器类型	制冷型焦平面	
成像性能	红外分辨率（像素）	320×240 及以上	320×240 可选（384×288）
	视场（FOV）	25°×19°、15°×11°	±2°
	波长范围	10.3～10.7μm，中心波长 10.55μm	
	空间分辨率	＜1.4mrad	标准镜头（25°）
	测温热灵敏度	＜30mK	30℃时
	气体检漏探测灵敏度	不低于 0.06ml/min	
	图像帧频	不小于 50Hz（非插值法）	
	调焦	自动/手动/电动	
	数字变焦	1～4 倍连续变焦	

续表

技术内容		技术要求	备注说明
温度测量	测温范围	−20℃～+350℃可分段量程	
	准确度	（±1℃ 0～100℃时）	
	测温方式	手动/自动，能设置数个可移动点、区域，在区域内能设置最高温、最低温，等温线，温差，具有声音报警和颜色报警，同时自动跟踪最高/最低温度点	
	大气穿透率校正	根据输入的距离、大气温度和相对湿度校正测试温度	
	光学穿透率校正	根据内置的温度传感器对探测器周围的温度的漂移和增益（包括仪器本身的温度变化）进行连续的自动检验	
	辐射率校正	0.01～1.0可调（0.01步长）	
	环境温度校正	能自动根据输入的温度校正	
	内置数码相机	不低于 300 万像素、自动对焦、内置目标照明灯、全彩色、红外可见光可切换	
	激光指示器	带安全激光，夜间指示观测目标	
	内置取景器	高分辨率彩色取景器　像素不低于800×480	
	外部显示器	外置 LCD 液晶显示屏（不低于 3.5 寸），角度可调节。像素不低于1024×600	
	视频流记录	仪器内可存储影像并传输至记忆卡内	
	数据传输接口	支持 USB、WiFi、蓝牙	
	红外图像文件格式	标准 JPEG 格式	
	可见光文件格式	标准 JPEG 格式，对对应的红外图像自动关联/可进行标识	
	工作环境	−15℃～+50℃	
	存放温度	−30℃～+60℃	
	封装	IP54	
	抗冲击性/抗震性	$25g/2g$	
	电磁兼容	GB/T 18268.1	
	语音注释	语音注释，随图像一同存储	
	文本注释	能选择预设文本，与图像一起存储	
	报警功能	对设置的温度值/之上/之下/自动进行声音或/颜色报警	
	信号输出	视频输出	

续表

技术内容		技术要求	备注说明
温度测量	整机重量	含镜头、电池小于 3kg	
	存储卡	SD 存储卡	
	电池	可充电锂电池，单个电池连续工作时间不小于 2 小时	

≫ 【解读】

（1）视场（FOV）：25°×19°表示水平方向角度是 25°，垂直方向角度是 19°。对于镜头来说，其视场是一个圆锥形状，其水平方向角度和垂直方向角度大小相同。但是由于探测器分辨率水平方向和垂直方向不同，所以红外热像仪的整体视场会出现水平方向和垂直方向角度不同的情况，见图 3-19。

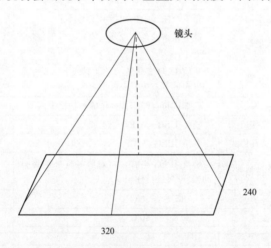

图 3-19　探测器分辨率不同导致设备水平、垂直视场角不同图

（2）气体检漏探测灵敏度：表示红外热像仪对泄漏气体单位浓度物质变化所致的响应量变化程度，单位 ml/min，表示每分钟气体的泄漏毫升数量。SF_6 气体检漏热像仪的气体检漏探测灵敏度要小于 0.6ml/min。

（3）图像帧频：由于气体泄漏的幅度非常轻微，需要更高速的画面才能有效捕捉泄漏的动态范围，故而帧率要求不小 50Hz，见图 3-20。

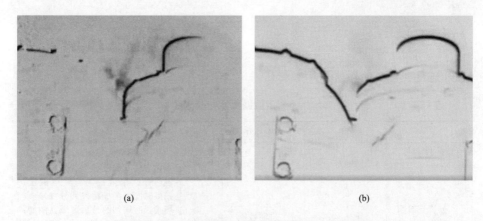

(a) (b)

图 3-20　SF₆气体泄漏示意图（图像前后动态差异）

（4）其余部分解读参见离线型红外热像仪的参数解读。

第三节　附录 C 红外通用数据文件存储格式

红外热成像是一种被动式、非接触的红外技术，自然界中一切温度高于绝对零度（−273℃）的物体，每时每刻都会辐射出红外线，同时红外辐射都载有目标物体的特征信息，通过大气、镜头衰减之后辐射到光电红外探测器表面，光电红外探测器将物体表面温度的空间分布，经系统处理形成热图像并转换成视频图像，形成与物体表面热分布相对应的热像图，即红外热图像。红外热成像仪的工作原理见图 3-21。

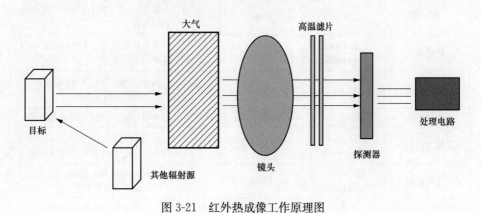

图 3-21　红外热成像工作原理图

≫【原文】

红外通用数据文件存储格式见表C.1。

表 C.1　　　　　　　　　红外通用数据文件存储格式

名称	名称	数据类型	长度	注释
红外视频截图数据文件	IRImage	二进制数据		JPEG格式的视频截图中至少需要包含柱状温度色标、公司logo、辐射率、拍摄距离、环境温度、拍摄时间（至少精确到分钟）、现场拍摄时增加的分析区域（例如：点、框等分析区域）及点对应的温度和框对应的最高温度数值和位置。公司logo、辐射率、拍摄距离、环境温度、拍摄时间等信息可放在视频截图下方
文件版本	File Version	unsigned short	2	本标准发布时使用1.0版本，即0x0100
温度点阵宽度	Width	unsigned short	2	例如：640
温度点阵高度	Height	unsigned short	2	例如：480
拍摄时间	DateTime	Unsigned char	14	14字节的时间字符串，格式是YYYYMMDDHHMMSS，例如"20150812124818"，存储每个字符对应的ASCII码
红外温度值点阵数据	IRData	Float		红外温度值点阵数据以float类型（4字节）的浮点数直接存储每个像素点的温度，按照从左到右，从上到下的顺序依次存储
辐射率	Emiss	Float	4	范围0～1，例如：0.9；该字段必须支持
环境温度	Ambient Temperature	Float	4	单位：摄氏度。例如：25.3℃；该字段必须支持
镜头度数	Len	Unsigned char	1	例如：24，即代表24°镜头；0代表不支持该参数
拍摄距离	Distance	Unsigned int	4	单位：米；0代表不支持该参数
相对湿度	Relative Humidity	Unsigned char	1	存储百分比，范围0～100；50代表50%；0代表不支持该参数
反射温度	Reflective Temperature	Float	4	单位：摄氏度。例如：25.3℃；0代表不支持该参数

续表

名称	名称	数据类型	长度	注释
生产厂家	Productor	Unsigned char	32	存储每个字符对应的ASCⅡ码，例如：0x4D495353494F4E 代表"MISSION"不足位补0；全部填充 ASCⅡ码0代表不支持该参数
产品型号	Type	Unsigned char	32	存储每个字符对应的 ASCII 码，全部填充 ASCⅡ码0代表不支持该参数
产品序列号	Serial NO	Unsigned char	32	存储每个字符对应的 ASCII 码，全部填充 ASCⅡ码0代表不支持该参数
经度	Longitude	Double	8	例如：120.11896012；0代表不支持该参数
纬度	Latitude	Double	8	例如：30.1581147021；0代表不支持该参数
海拔	Altitude	Int	4	单位：米；例如：20；0代表不支持该参数
备注信息长度	Description Length	Unsigned int	4	0代表没有存储备注信息
备注信息	Description Data	Unsigned char	由"备注信息长度"字段指定	备注信息的具体内容；例如分析结果、诊断结果等
红外数据的起始偏移地址	IRData Offset	Unsignedint	4	记录"文件版本"字段在整个文件中的偏移地址，用于定位红外数据的起始地址
文件末尾标识	File End Type	unsigned char	16	必须是 0x37 0x66 0x07 0x1a 0x12 0x3a 0x4c 0x9f 0xa9 0x5d 0x21 0xd2 0xda 0x7d 0x26 0xbc

注 1. 所有数据均是以二进制方式存储在文件中。
　　2. 文件存储格式中的多字节数据类型，包括 unsigned short，unsigned int 和 int 类型，均采用小端模式存储。

≫ 【解读】

（1）红外视频截图数据文件：红外视频截图数据文件为一个二进制文

件，名称是红外辐射映像 IRImage（infrared radiation image）。红外辐射映像的每一帧画面即 JPEG 格式的视频截图。视频截图中至少需要包含柱状温度色标、公司 logo、辐射率、拍摄距离、环境温度、拍摄时间（至少精确到分钟）、现场拍摄时增加的分析区域（例如：点、框等分析区域）及点对应的温度和框对应的最高温度数值和位置。公司 logo、辐射率、拍摄距离、环境温度、拍摄时间等信息可放在视频截图下方，见图 3-22。

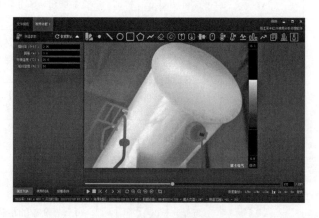

图 3-22　红外视频截图数据说明示意图

红外视频截图 JPEG 文件的存储格式有很多种，但最常用的是 JFIF 格式，即 JPEG File Interchange Format。

（2）文件版本 File Version。文件版本（File Version）指的是标准发布时使用的版本号，目前为 1.0 版本，即 0x0100。Unsigned short，2 字节表示。

（3）温度点阵宽度 Width。温度点阵宽度（Width）指保存红外通用数据文件对应的红外点阵像素的行数。例如：640×480 分辨率，其红外像素点的行数为 640 行。Unsigned short，2 字节表示。

（4）温度点阵高度 Height。温度点阵高度（Height）指保存红外通用数据文件对应的红外点阵像素的列数。例如：640×480 分辨率，其红外像素点的列数为 480 列。Unsigned short，2 字节表示。

（5）拍摄时间 Date Time。拍摄时间（Date Time）指该红外通用数据文件拍摄的年月日时分秒时间表示，由 14 字节的时间字符串组成，格式为：3.103.103.103.10MMDDHHMMSS，例如：20150812124818，存储每个字符对应的 ASCⅡ码。Unsigned short，14 字节表示。

（6）红外温度值点阵数据 IR Data。红外温度值点阵数据（IR Data），是按 Width×Height 点阵的 Float 类型（4 字节）数据，存储每个像素点的温度值，每个像素温度值的存储顺序为：按照从左到右，从上到下的顺序依次存储。Float，Width×Height×4 个字节表示。

（7）辐射率 Emiss。辐射率（Emiss）指拍摄时刻红外热像仪仪器中设置的辐射率参数，其范围：0~1，如：0.9。本字段必须支持 Float，4 字节表示。

（8）环境温度 Ambient Temperature。环境温度（Ambient Temperature）指拍摄时刻红外热像仪仪器中设置的环境温度参数，其单位为：℃；例如：25.3℃。该字段必须支持 Float，4 字节表示。

（9）镜头度数 Len。镜头度数（Len）指拍摄时刻红外热像仪仪器中设置的镜头度数参数，例如：24，代表 24°镜头。0 代表不支持该参数。Unsigned char，1 字节表示。

（10）拍摄距离 Distance。拍摄距离（Distance）指拍摄时刻红外热像仪仪器中设置的拍摄距离参数，单位：m，0 代表不支持该参数。Unsigned int，4 字节表示。

（11）相对湿度 Relative Humidity。相对湿度（Relative Humidity）指拍摄时刻红外热像仪仪器中设置的相对湿度参数，存储值为百分比，范围：0~100，50 代表 50%。0 代表不支持该参数。Unsigned char，1 字节表示。

（12）反射温度 Refective Temperature。反射温度（Refective Temperature）指拍摄时刻红外热像仪仪器中设置的反射温度参数，在环境温度高于目标温度场景中，环境红外辐射有可能被目标表面反射，与目标辐射一同被测温仪接收，导致目标辐射测温的较大测量误差。反射温度单位：℃，如：26.5℃。0 代表不支持该参数。Float，4 字节表示。

（13）生产厂家 Productor。生产厂家（Productor）指拍摄存储本红外通用数据文件的红外热像仪厂家信息参数。该字段存储每个字符对应的 ASCⅡ码，如：0x4845494B41，代表"HEIKA"。不足位补 0，全部填充 ASCⅡ码。0 代表不支持该参数。Unsigned char，32 字节表示。

（14）产品型号 Type。产品型号（Type）指拍摄存储本红外通用数据文件的红外热像仪厂家产品型号参数。该字段存储每个字符对应的 ASCⅡ码，如：0x5343363030，代表"SC600"。不足位补 0，全部填充 ASCⅡ码。0 代表不支持该参数。Unsigned char，32 字节表示。

（15）产品序列号 Serial NO。产品序列号（Serial NO）指拍摄存储本红外通用数据文件的红外热像仪的生产序列号参数。该字段存储每个字符对应的 ASCⅡ码，如：0x32343133，代表"2413"。不足位补 0，全部填充 ASCⅡ码。0 代表不支持该参数。Unsigned char，32 字节表示。

（16）经度 Longitude。经度（Longitude）指拍摄存储本红外通用数据文件时所处位置的经度信息参数。例如：120.11896012。0 代表不支持该参数。Double，8 字节表示。

（17）纬度 Latitude。纬度（Latitude）指拍摄存储本红外通用数据文件时所处位置的纬度信息参数。例如：30.1581147021。0 代表不支持该参数。Double，8 字节表示。

（18）海拔 Altitude。海拔（Altitude）指拍摄存储本红外通用数据文件时所处位置的海拔信息参数。单位：m，例如：20m。0 代表不支持该参数。Double，8 字节表示。

（19）备注信息长度 Description Length。备注信息长度（Description Length）指的是备注信息（Description Data）的长度。0 代表不支持该参数。Unsigned int，4 字节表示。

（20）备注信息 Description Data。备注信息（Description Data）备注例如分析结果、诊断结果等相关信息，Unsigned char，其长度由"备注信息长度（Description Length）"指定。

（21）红外数据的起始偏移地址 IR Data Offset。红外数据的起始偏移地址（IR Data Offset）记录"文件版本"字段在整个文件中的偏移地址，用于定位红外附加数据的起始地址。Unsigned int，4 字节表示。

（22）文件末尾标识 File End Type。文件末尾标识（File End Type）必须是 0x37、0x66、0x07、0x1a、0x12、0x3a、0x4c、0x9f、0xa9、0x5d、0x21、0xd2、0xda、0x7d、0x26、0xbc。Unsigned char，16 字节表示。

（23）数据类型 Data Type。数据类型是计算机术语，指计算机内部保存数据的编码格式，共有八种基本数据类型：byte、short、int、long、float、double、boolean、char。其中 short、int、long、char 可搭配 unsigned（无符号）组成 unsigned short、unsigned int、unsigned long、unsigned char 四种类型，分别表示无符号短整形、无符号整形、无符号长整形、无符号字符，对应的数值范围只取正整数部分范围。表 3-5 简要说明几种数据类型的差异。

表 3-5　　　　　　　　　　数 据 类 型 说 明

数据类型	说明
byte	8 位、有符号的以二进制补码表示的整数 数值范围：−128～127
short	16 位、有符号的以二进制补码表示的整数 数值范围：−32768～32767
int	32 位、有符号的以二进制补码表示的整数 数值范围：−2147483648～2147483647
long	64 位、有符号的以二进制补码表示的整数 数值范围：−2147483648～2147483647
float	单精度、32 位、符合 IEEE 754（二进制浮点数算术标准）的浮点数
double	双精度、64 位、符合 IEEE 754（二进制浮点数算术标准）的浮点数
char	可以储存任何字符 数值范围：−128～127
boolean	boolean 数据类型表示一位的信息，只有两个取值：true（1）和 false（0）

（24）小端模式 Little-Endian Mode。小端模式是指数据的高字节保存在内存的高地址中，而数据的低字节保存在内存的低地址中，这种存储模式将地址的高低和数据位权有效地结合起来，高地址部分权值高，低地址部分权值低。内存地址与大小端模式存放内容对应表见表 3-6。

表 3-6　　　　　　　内存地址与大小端模式存放内容对应表

内存地址	小端模式存放内容	大端模式存放内容
0x4000	0x78	0x12
0x4001	0x56	0x34
0x4002	0x34	0x56
0x4003	0x12	0x78

第四节　附录 D 常用材料辐射率的参考值

≫【原文】

常用材料辐射率的参考值见表 D.1。

表 D.1　　　　　　　常用材料辐射率的参考值

材料	温度℃	辐射率近似值
抛光铝或铝箔	100	0.09
轻度氧化铝	25～600	0.10～0.20
强氧化铝	25～600	0.30～0.40
黄铜镜面	28	0.03
氧化黄铜	200～600	0.59～0.61
抛光铸铁	200	0.21
加工铸铁	20	0.44
完全生锈轧铁板	20	0.69
完全生锈氧化钢	22	0.66
完全生锈铁板	25	0.80
完全生锈铸铁	40～250	0.95
镀锌亮铁板	28	0.23
黑亮漆（喷在粗糙铁上）	26	0.88
黑或白漆	38～90	0.80～0.95
平滑黑漆	38～90	0.96～0.98
亮漆（所有颜色）	—	0.90
非亮漆	—	0.95
纸	0～100	0.80～0.95

续表

材料	温度℃	辐射率近似值
不透明塑料	—	0.95
瓷器（亮）	23	0.92
电瓷	—	0.90～0.92
屋顶材料	20	0.91
水	0～100	0.95～0.96
冰	—	0.98
橡胶（软、硬质）	20	0.95
棉纺织品（全颜色）	—	0.95
丝绸	—	0.78
羊毛	—	0.78
皮肤	—	0.98
木材	—	0.78
树皮	—	0.98
石头	—	0.92
混凝土	—	0.94
石子	—	0.28～0.44
墙粉	—	0.92
石棉板	25	0.96
大理石	23	0.93
红砖	20	0.95
白砖	100	0.90
白砖	1000	0.70
沥青	0～200	0.85
玻璃（面）	23	0.94
碳片	—	0.85
绝缘片	—	0.91～0.94
金属片	—	0.88～0.90
环氧玻璃板	—	0.80
镀金铜片	—	0.30
涂焊料的铜	—	0.35
铜丝	—	0.87～0.88
塑料（PVC）	70	0.93～0.94

➢【解读】

(1) 辐射率的概念。辐射率，又称发射率，是指衡量物体表面以辐射的形式释放能量相对强弱的能力。材料的辐射率等于物体在一定温度下辐射的能量与同一温度下黑体辐射能量之比。黑体是一种理想化的物体，黑体的辐射率等于 1，其他物体的辐射率介于 0 和 1 之间，称作灰体。任何物体在高于绝对零度（ $-273.15℃$ ）的时候，其物体表面就会有红外能量也就是红外线发射出来，温度越高，发射的红外能量越强。

红外线测温仪根据物体表面红外辐射的特点来测量物体表面的温度，因为红外线测温仪是测量物体表面的温度，所以在测量时会被物体表面的光洁度所影响。通过大量的实验获得结论，物体表面越接近于镜面（反射越强），其表面所发出的红外能量衰减越厉害，就需要对不同物体的表面对红外能量的衰减情况做出补偿，即设置一个补偿系数，这个补偿系数就是辐射率。辐射率需要在仪器里进行设定，大部分的红外厂家的默认辐射率为 0.95，辐射率用符号"ε"表示。

(2) 获取辐射率的方法。发射率的测量受波长、温度、发射角、表面粗糙程度、表面氧化程度、是否有污染物以及样品成分的影响，所以发射率很难精确测量。发射率的测量一般有以下几种：量热法、反射率法、辐射能量法、多波长法等。

1) 量热法。量热法的基本原理是：一个热交换系统包含被测样品和周围相关物体，根据传热理论推导出系统有关材料发射率的传热方程，通过测量样品某些点的温度值得到系统的热交换状态，即能求得发射率。量热法又分为稳态量热法和瞬态量热法。Worthing 的稳态加热法就是采用灯丝进行加热，测量精度达到了 2%，但是样品制作复杂，且测量时间长。瞬态法即采用激光或电流等瞬态加热技术，其代表是 70 年代美国 NIST 的基于积分球反射计法的脉冲加热瞬态量热装置，其测量速度快，测量上限高达 4000℃，能精确测量多项参数，但是被测物必须是导体限制了其应用范围。

2）反射率法。反射率法基于的原理是对于不透明的样品，反射率＋吸收率＝1，将已知强度的辐射能量投射到透射率为0的被测面上，根据能量守恒定律和基尔霍夫定律，通过反射计求得反射能量，得到样品的反射率后即可换算成发射率。常用的反射计有：Dunkle 等人建立的热腔反射计，该方法能够测量光谱发射率但不适用于高温测量；意大利 IMGC 的积分球反射计具有很宽的测量温度范围；激光偏振法只能用于测量光滑表面的发射率。

3）辐射能量法。能量法的基本原理是直接测量样品的辐射功率，根据普朗克定律或斯蒂芬玻尔兹曼定律和发射率的定义计算出样品表面的发射率。一般均采用能量比较法，即用同一探测器分别测量同一温度下绝对黑体及样品的辐射功率，两者之比就是材料的发射率值。

4）独立黑体法。独立黑体法采用标准黑体炉作为参考辐射源，样品与黑体是各自独立的，辐射能量探测器分别对它们的辐射量进行测量。测量材料全波长发射率时，探测器需要选择使用无光谱选择性的温差电堆或热释电等器件；测量材料光谱发射率时，需要选择使用光子探测器并配备特定的单色滤光片。许进堂等人曾采用独立黑体方案设计了一套法向全波长发射率测量装置，精度可以达到 3.7%。独立黑体方案的优点在于能够精细地制作标准辐射源，并可精确地计算其辐射特性。其缺点在于等温条件难以得到保证，特别是对不良导热材料。在实际应用中，人们还常常采用整体黑体法和转换黑体法两种能量法测量材料的发射率，即在试样上钻孔或加反射罩，使被测材料变为黑体或逼近黑体性能，从而进行材料发射率的测量。

5）红外傅里叶光谱法。进入 90 年代以来，由于红外傅里叶光谱仪的发展和广泛应用，很多学者都建立了基于该装置的材料光谱发射率测量系统和装置。红外傅里叶光谱仪主要由迈克尔逊干涉仪和计算机组成，其工作原理是光源发出的光经迈克尔逊干涉仪调制后变成干涉光，再把照射样品后的各种频率光信号经干涉作用调制为干涉图函数，由计算机进行傅里叶变换，一次性得到样品在宽波长范围内的光谱信息。因此，红外傅里叶光谱仪在测量红外发射方面是一个功能强大的仪器。近年来，许多国家都进行了基于傅里叶红外光谱仪材料光谱发射率测量的研究工作。最具有代表性的是半椭球反射镜反射计系统，该系统由 Markham 等人研制，曾获1994 年美国百项研发大奖。

6）多波长法。多光谱法是可以同时测量温度和光谱发射率的新方法，其基本原理是利用待测样品在多光谱条件下的辐射信息，通过假定的发射率和波长的数学模型进行理论分析计算，得到待测样品的温度和光谱发射率。多光谱法的优点是测量速度快，设备简单易于现场测量，不需要制作标准样品。很多国家都在研究多光谱法，多波长测量法的原理是通过测量目标多光谱下的辐射信息，建立发射率与波长关系模型及理论计算，同时得到温度与发射率信息值。该方法能够实现现场测量，并且测量温度没有上限，但是测量精度有限，并且对不同材料的适用性差，没有一种算法能适应所有材料。但是这是未来的发展方向。

第五节　附录 E 旋转电机类设备缺陷诊断方法与判据

》【原文】

E.1 检测方法

在机组运行状况下：打开集电环罩，沿轴向方向对集电环和碳刷进行检测；对出线母线，应对出线和套管、敞开式母线、出线附属结构件、封闭母线外壳等进行温度及相间温差检测，对于装有红外观测窗口的出线罩和封闭母线，应检测内部导电杆的温度及相间温差；应记录环境温度、励磁电流、机组负荷，并注意与相同型号、相同结构的发电机在相同负荷条件下的比较。

定子铁芯磁化试验：应使用红外热像仪进行铁芯温度分布检测和温度测量。试验前应测量铁芯初始温度和环境温度，并避免励磁线圈电流产生的热源对铁芯温度测量的影响。试验时应监测铁芯温度变化，发现异常过热点时应停止试验。应做好热点部位的标记，定时诊断检测。

定子绕组焊接头：试验时应停止冷却系统运行，宜分相通直流电流，试验电流一般为 10%～20% 额定电流，时间一般不少于 1h。应先进行一般检测，比较各通电焊接头的温差，怀疑有缺陷时，再进行精确检测。

转子匝间短路：试验时应将转子静置于定子膛外，对转子绕组施加工频交流电压，但不应超过 220V。应先对转子表面及两端护环内侧区域进行一般检测，发现有过热区域时，再通过诊断检测进行故障定位。

水内冷发电机进行热水流试验时：可对定子绕组汇水管、绝缘引水管，出线套管绝缘引水管等进行红外辅助诊断检测，通过热像图分析发现缺陷位置。

E.2 判断依据

E.2.1 发电机集电环和碳刷温升或温度限值

发电机集电环和碳刷温升或温度限值应符合表 E.1 的规定。

表 E.1　　　　　　　　　　集电环和碳刷温升或温度限值

机组类型	冷却方式	温升或温度限值		备注
		130（B）级	155（F）级	
透平型同步发电机	空冷	80K	105K	考核温升限值，冷却介质为40℃
	氢气间接冷却	80K	100K	考核温升限值，冷却介质为40℃
	氢气和水直接冷却	120℃	140℃	考核温度限值
水轮发电机	空冷	75K	85K	考核温升限值
	水直接冷却	75K	85K	考核温升限值

集电环的典型红外检测图谱参见图 J.60。

封闭母线各部件的温度和温升限值应符合表 E.2 的规定，且相同位置的相同部件的相间温差不应有明显差异，不应超过 20K。

敞开式母线的温度和温升限值可参照表 C.2 中对封闭母线导电杆的规定，且相同位置的相同部件的相间温差不应有明显差异，不应超过 20K。

对于相同型号、相同结构的发电机，在相同条件下，出线母线相同位置的相同部件的温度之差不应有明显差异，不应超过 20K。

表 E. 2		封闭母线的温度和温升限值	
封闭母线的部件		温度限值℃	温升限值 K
导电杆		90	50
螺栓紧固的导体或外壳的接触面	镀银	105	65
	不镀银	70	30
外壳		70	30
外壳支撑结构		70	30

E. 2.2 定子铁芯的判断依据

在规定的磁通密度和时间后，铁芯最大温升限值应不大于 25K，相同部位（定子齿或槽）温差限值应不大于 15K。

定子铁芯磁化试验铁芯过热点的典型红外检测图谱参见图 J.61。

E. 2.3 定子绕组焊接头合格判定

定子绕组焊接头和未包绝缘的焊接头，最高与最低的温度差达 5K 及以上时，温度高者为不合格焊接头；已包绝缘的焊接头，温度差达到 3K 及以上时，应剥去绝缘再做进一步试验判定。

定子绕组焊接头缺陷的典型红外检测图谱参见图 J.62。

E. 2.4 转子绕组判断依据

当发现有明显过热区域时，应分析转子在该区域存在匝间短路故障的可能性。

转子匝间短路故障点的典型红外检测图谱参见图 J.63。

≫ 【解读】

（1）旋转电机。旋转电机是依靠电磁感应原理而运行的旋转电磁机械，用于实现机械能和电能的相互转换。发电机从机械系统吸收机械功率，向电系统输出电功率；电动机从电系统吸收电功率，向机械系统输出机械功率。旋转电机的种类很多。按其作用分为发电机和电动机，按电压性质分为直流电机与交流电机，按其结构分为同步电机和异步电机。异步电动机按相数不同，可分为三相异步电动机和单相异步电动机；按其转子结构不同，又分为笼型和绕线转子型，其中笼型三相异步电动机因其结构简单、制造方便、价格便宜、运行可靠，在各种电动机应用最广、需求量最大。

（2）检测方法。规范规定了具体的检测设备，由于红外测温仅仅可以测量设备的表面温度，因此检测的设备须裸露或者检测的设备如果发生异常发热，其热量可以传导到裸露的表面材料，因此在检测中必须打开集电环罩。在检测过程中必须对关键组件集电环和碳刷进行检测，对于表面发热不规律的组件必存在安全隐患。出线和套管、敞开式母线、出线附属结构件、封闭母线外壳等，尤其存在接头的设备，都属于红外检测的对象，异常的发热均可检测出来。一般的观测窗口无法通过红外线辐射，但是对于专业的红外观测窗口则可以通过红外热像仪进行检测，所以对于装有红外观测窗口的出线罩和封闭母线，应检测内部导电杆的温度及相间温差。而对于影响温度的关键因素，在检测过程中必须做相应时间的记录，例如环境温度、励磁电流、机组负荷，可根据此类因素进行历史比较用于评估设备的工况，而对于相同型号、相同结构的发电机在相同负荷条件下进行横向比较，通过横向纵向比较的方法更容易发现设备存在的隐患情况。

对于定子铁芯磁化试验、定子绕组焊接头、转子匝间短路、水内冷发电机进行热水流试验应严格按照检测方法，并结合阶段性技术要求和实际情况进行检测方可更有效地确保旋转电机的正常。

（3）判断依据。按照检测方法规范性进行检测，一旦发现异常问题，须首先根据判断依据进行判断分析，其次是结合经验和历史数据进行综合分析。

1）发电机集电环和碳刷温升或温度限值。同样的机组类型其冷却方式不同，对缺陷的判断温度不同。"130（B）级"表达的为绝缘等级 B 级（或 130 级），"155（F）级"表达的为绝缘等级 F 级（或 155 级），电动机的绝缘等级是指其所用绝缘材料的耐热等级，分 A、E、B、F、H 级。允许温升是指电动机的温度与周围环境温度相比升高的限度，见表 3-7。

表 3-7 绝缘的温度等级

绝缘的温度等级	A 级	E 级	B 级	F 级	H 级
最高允许温度（℃）	105	120	130	155	180
绕组温升限值（K）	60	75	80	100	125

续表

绝缘的温度等级	A 级	E 级	B 级	F 级	H 级
性能参考温度	80	95	100	120	145

在发电机等电气设备中，绝缘材料是最为薄弱的环节。绝缘材料尤其容易受到高温的影响而加速老化并损坏。不同的绝缘材料耐热性能有区别，采用不同绝缘材料的电气设备其耐受高温的能力就有不同。因此一般的电气设备都规定其工作的最高温度。人们根据不同绝缘材料耐受高温的能力对其规定了 7 个允许的最高温度，按照温度大小排列分别为：Y、A、E、B、F、H 和 C。它们的允许工作温度分别为：90、105、120、130、155、180℃和 180℃以上。因此，B 级绝缘说明的是该发电机采用的绝缘耐热温度为 130℃。使用者在发电机工作时应该保证不使发电机绝缘材料超过该温度才能保证发电机正常工作。

判断中"K"表达的温度数据考量的是温升数据，比如空冷方式的透平型同步发电机设备的环境温度 10℃，设备温度 90℃，其温升为 80K，设备发热到达了温升限值，设备应至少定性为严重缺陷，见图 3-23；判断中"℃"表达的是绝对温度限值，规定某设备不能超过多少摄氏度。

图 3-23 发电机集电环过热典型红外图

2）定子铁芯的判断依据。在规定的磁通密度和时间后，铁芯最大温升限值应不大于 25K，相同部位（定子齿或槽）温差限值应不大于 15K。超过此温度阈值时应判断为缺陷，见图 3-24，对于未超过的微小温升应给与关注和跟踪检测。

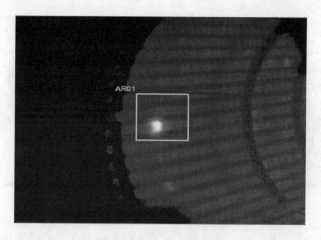

图 3-24 定子铁芯磁化试验铁芯过热点典型红外图

3）定子绕组焊接头合格判定。定子绕组焊接头和未包绝缘的焊接头，最高与最低的温度差达 5K 及以上时，温度高者为不合格焊接头，见图 3-25；已包绝缘的焊接头，温度差达到 3K 及以上时，应剥去绝缘再做进一步试验判定。温度判断时须结合影响温升的关键因素综合分析。

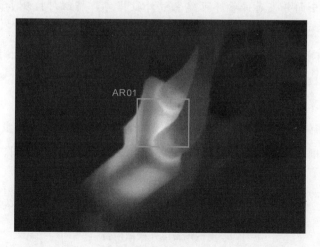

图 3-25 发电机定子绕组焊接头缺陷典型红外图

4）转子绕组判断依据。发现有明显过热区域时，应分析转子在该区域存在匝间短路故障的可能性。其中明细区域过热可界定超过 1.5K，有明显的温差时要进行短路试验的判断，见图 3-26。

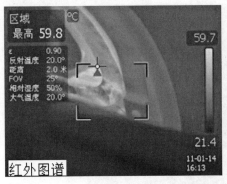

图 3-26 转子匝间短路故障点典型红外图

第六节 附录 F 电气设备红外检测管理及检测报告

》【原文】

红外检测作为发现电气设备缺陷的重要手段之一，其测试记录和诊断报告应详细、全面并妥善保管。可建立红外数据库，将红外检测和诊断信息纳入设备信息管理。

红外检测报告应包含仪器型号、出厂编号、检测日期、检测环境条件、检测地点、检测人员、设备名称、缺陷部位、缺陷性质、负荷（率）、图像资料、诊断结果及处理意见等内容。

现场应详细了解和记录缺陷的相关资料，及时提出检测诊断报告。电气设备红外检测报告和电气设备现场检测记录可分别参照表 F.1 和表 F.2 格式。

表 F.1 格式一般用于精确检测、严重缺陷诊断、红外建库和有必要时。

表 F.1 电气设备红外检测报告

1. 检测工况：

单位/站、线		仪器编号	
设备名称（电压等级）			
测试仪器	图像编号		辐射系数

续表

负荷电流（检测时）		额定电流		测试距离	
天气		环温	湿度		风速
检测时间					

2. 图像分析：

诊断设备热图像	可见光图像或同类设备正常热图像

3. 诊断分析和缺陷性质：

4. 建议处理意见：

5. 备注：

检测人员： 审核： 日期：

> 【解读】

电气设备红外检测报告是检测人员通过红外热像仪对电气设备进行拍摄作业之后，记录生成的报告。报告应当简洁明了，但是信息点都要到位。红外检测报告的内容应当包含仪器型号、出厂编号、检测日期、检测环境条件（天气、环境温度、湿度、风速）、检测地点、检测人员、设备名称、缺陷部位、缺陷性质、负荷电流等信息。一般情况在巡检过程中发现了缺陷设备须出具缺陷设备的电气设备红外检测报告，报告须包含图像资料（诊断设备热图像、对应的可见光图像或同类设备的正常热图像）、图像分析、诊断分析和缺陷性质以及建议处理意见等内容，而整个站或线路的红外检测需要记录电气设备的现场检测情况。

表 3-8 是一份缺陷电气设备红外检测报告，该格式一般用于对缺陷问题的报告分析。

表 3-8　　　　　　35kV 某某变电气设备红外检测报告

1. 检测工况：35kV 某某变 35kV 梅深 3226 线母线闸刀刀口 A 相红外检测异常报告			
单位/站、线	35kV 某某变	仪器编号	SC600-2415
设备名称（电压等级）	35kV 梅深 3226 线母线闸刀刀口 A 相		

续表

测试仪器	手持式红外热像仪	图像编号	202006150945	辐射系数	0.9
负荷电流（检测时）	196A	额定电流	400A	测试距离	5m
天气	阴	环温	28℃	湿度	60%	风速	0.3m/s
检测时间			2020 年 06 月 15 日 17：20		

2. 图像分析：

A 相 R01 最高温：69.2℃；B 相 R01 最高温：39.2℃；C 相 R01 最高温：33.6℃；

最大温差 35.6℃；相对温差 86.4%

A 相设备热像图

A 相设备可见光

B 相设备热像图

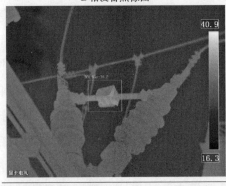

C 相设备热像图

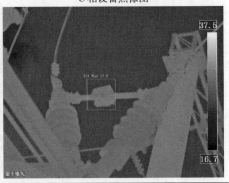

3. 诊断分析和缺陷性质：

参照 DL/T 664—2016《带电设备红外诊断应用规范》附录 H 电流致热型设备缺陷诊断判据表 H.1电流致热型设备缺陷诊断判据：

设备类别和部位：刀闸，刀口；

热像特征：以刀口压接弹簧为中心的热像；故障特征：弹簧压接不良；

缺陷性质：紧急缺陷（热点温度＞130℃或 $\delta\geqslant$95%且热点温度＞90℃），严重缺陷（90℃≤热点温度≤130℃或 $\delta\geqslant$80%但热点温度未达紧急缺陷温度值），一般缺陷（$\delta\geqslant$35%但热点温度未达到严重缺陷温度值）。

此设备发热属于严重缺陷

续表

4. 建议处理意见:

此设备发热属于严重缺陷,建议运维人员尽快安排处理

5. 备注:

检测人员:张三	审核:李四	日期:2020.06.15

【原文】

表 F. 2　　　　　　电气设备现场检测记录

设备单位/站、线:　　　　　　　　　　　　　　　　　　天气:

仪器/编号:　　　　　　　日期:

序号	被检设备名	缺陷部位	表面温度(℃)	正常相温度(℃)	温差(K)	相对温差(%)	设备环境温度(℃)	负荷电流/额定电流(A)	运行电压/额定电压(kV)	缺陷性质	图号	时间	检测人员	辐射系数/风速/距离等备注
1														
2														
3														
对检测序号内容等的说明														

检测/记录:

【解读】

表 3-9 是一份电气设备现场检测记录。

表3-9

电气设备现场检测记录

设备单位/站、线：某某变电站

仪器/编号：SC600-2415　　　　　　日期：20200615　　　　　　天气：晴

序号	被检设备名	缺陷部位	表面温度(℃)	正常相温度(℃)	温差(K)	相对温差(%)	设备环境温度(℃)	负荷电流/额定电流(A)	运行电压/额定电压(kV)	缺陷性质	图号	时间	检测人员	辐射系数/风速/距离等备注
1	1号主变10kV侧上方线夹A相		37.5	33.5	4.0	10%	28.0	323A	10	正常	20200731163100	2020-07-31 16：31：00	张三	0.90/0.5m/s/5.0m
2	1号主变10kV侧上方线夹B相		36.3	33.5	2.8	7%	28.0	323A	10	正常	20200731163104	2020-07-31 16：31：04	张三	0.90/0.5m/s/5.0m
3	1号主变10kV侧上方线夹C相		37.0	32.7	4.3	11%	28.0	323A	10	正常	20200731163108	2020-07-31 16：31：08	张三	0.90/0.5m/s/5.0m
4	1号主变10kV侧套管A相		42.7	37.8	4.9	11%	28.0	323A	10	正常	20200731163018	2020-07-31 16：30：18	张三	0.90/0.5m/s/5.0m
5	1号主变10kV侧套管B相		42.0	39.6	2.4	5%	28.0	323A	10	正常	20200731163026	2020-07-31 16：30：26	张三	0.90/0.5m/s/5.0m
6	1号主变10kV侧套管C相		44.1	41.2	2.9	6%	28.0	323A	10	正常	20200731163041	2020-07-31 16：30：41	张三	0.90/0.5m/s/5.0m
7	1号主变10kV侧穿墙套管A相		33.0	32.1	0.9	2%	28.0	323A	10	正常	20200731163128	2020-07-31 16：31：28	张三	0.90/0.5m/s/5.0m

续表

序号	被检设备名	缺陷部位	表面温度(℃)	正常相温度(℃)	温差(K)	相对温差(%)	设备环境温度(℃)	负荷电流/额定电流(A)	运行电压/额定电压(kV)	缺陷性质	图号	时间	检测人员	辐射系数/风速/距离等备注
8	1号主变10kV侧穿墙套管B相		33.9	32.0	1.9	5%	28.0	323A	10	正常	20200731163132	2020-07-31 16：31：32	张三	0.90/0.5m/s/5.0m
9	1号主变10kV侧穿墙套管C相		34.1	32.7	1.4	4%	28.0	323A	10	正常	20200731163136	2020-07-31 16：31：36	张三	0.90/0.5m/s/5.0m
10	1号主变10kV侧绝缘子A相		33.3	32.3	1.0	3%	28.0		10	正常	20200731163145	2020-07-31 16：31：45	张三	0.90/0.5m/s/5.0m
11	1号主变10kV侧绝缘子B相		32.7	32.3	0.4	1%	28.0		10	正常	20200731163152	2020-07-31 16：31：52	张三	0.90/0.5m/s/5.0m
12	1号主变10kV侧绝缘子C相		32.2	32.1	0.1	0%	28.0		10	正常	20200731163156	2020-07-31 16：31：56	张三	0.90/0.5m/s/5.0m
...														

对检测序号内容等的说明

检测/记录：张三

第七节　附录 G 高压开关设备和控制设备各种部件、材料和绝缘介质的温度和温升极限

>> 【原文】

电气设备中各零部件、材料及绝缘介质的最高允许温度和温升应满足表 G.1 给出的最大值。

表 G.1　高压开关设备和控制设备各种部件、材料和绝缘介质的温度和温升极限

部件、材料和绝缘介质的类别 （见说明 1、2 和 3）	最大值	
	温度℃	周围空气温度不超过 40℃时的温升 K
1. 触头（说明 4）		
裸铜或裸铜合金		
——在空气中	75	35
——在 SF₆（六氟化硫）中（见说明 5）	105	65
——在油中	80	40
镀银或镀镍（见说明 6）		
——在空气中	105	65
——在 SF₆（六氟化硫）中（见说明 5）	105	65
——在油中	90	50
镀锡（见说明 6）		
——在空气中	90	50
——在 SF₆（六氟化硫）中（见说明 5）	90	50
——在油中	90	50
2. 用螺栓的或与其等效的联结（见说明 4）		
裸铜、裸铜合金或裸铝合金		
——在空气中	90	50
——在 SF₆（六氟化硫）中（见说明 5）	115	75

续表

部件、材料和绝缘介质的类别 （见说明 1、2 和 3）	最大值	
	温度℃	周围空气温度不超过 40℃时的温升 K
——在油中	100	60
镀银或镀镍		
——在空气中	115	75
——在 SF$_6$（六氟化硫）中（见说明 5）	115	75
——在油中	100	60
镀锡		
——在空气中	105	65
——在 SF$_6$（六氟化硫）中（见说明 5）	105	65
——在油中	100	60
3. 其他裸金属制成的或其他镀层的触头或联结	（见说明 7）	（见说明 7）
4. 用螺钉或螺栓与外部导体连接的端子（见说明 8）		
——裸的	90	50
——镀银、镀镍或镀锡	105	65
——其他镀层	（见说明 7）	（见说明 7）
5. 油开关装置用油（见说明 9 和 10）	90	50
6. 用作弹簧的金属零件	（见说明 11）	（见说明 11）
7. 绝缘材料以及与下列等级的绝缘材料接触的金属材料（见说明 12）		
——Y	90	60
——A	105	65
——E	120	80
——B	130	90
——F	155	115
——瓷漆：油基	100	60
合成	120	80
——H	180	140

续表

部件、材料和绝缘介质的类别 （见说明 1、2 和 3）	最大值	
	温度℃	周围空气温度不超过 40℃时的温升 K
——C 其他绝缘材料	（见说明 13）	（见说明 13）
8. 除触头外，与油接触的任何金属或绝缘件	100	60
9. 可触及的部件		
——在正常操作中可触及的	70	30
——在正常操作中不需触及的	80	40

说明 1：按其功能，同一部件可以属于表列出的几种类别。在这种情况下，允许的最高温度和温升值是相关类别中的最低值

说明 2：对真空开关装置，温度和温升的极限值不适用于处在真空中的部件。其余部件不应该超过表给出的温度和温升值

说明 3：应注意保证周围的绝缘材料不遭到损坏

说明 4：当接合的零件具有不同的镀层或一个零件是裸露的材料制成的，允许的温度和温升应该是：
a）对触头，表项 1 中有最低允许值的表面材料的值；
b）对联结，表项 2 中的最高允许值的表面材料的值

说明 5：六氟化硫是指纯六氟化硫或六氟化硫与其他无氧气体的混合物

说明 6：按照设备有关的技术条件：
a）在关合和开断试验（如果有的话）后；
b）在短时耐受电流试验后；
c）在机械耐受试验后；有镀层的触头在接触区应该有连续的镀层，不然触头应该被看作是"裸露"的

说明 7：当使用表没有给出的材料时，应该研究他们的性能，以便确定最高的允许温升

说明 8：即使和端子连接的是裸导体，这些温度和温升值仍是有效的

说明 9：在油的上层

说明 10：当采用低闪点的油时，应当特别注意油的气化和氧化

说明 11：温度不应该达到使材料弹性受损的数值

说明 12：绝缘材料的分级在 GB/T 11021 中给出

说明 13：仅以不损害周围的零部件为限

≫【解读】

高压开关设备是指额定电压 1kV 及以上，主要用于开断和关合导电回路的电器，是高压开关与其相应的控制、测量、保护、调节装置以及辅件、

外壳和支持等部件及其电气和机械的联结组成的总称，是接通和断开回路、切除和隔离故障的重要控制设备。

在温升试验规定的条件下，当周围空气温度不超过 40℃时，开关设备和控制设备任何部分的温升不应该超过表格规定的温升极限。在考虑温升极限值时需结合当下时间段的负荷电流情况，尤其对于电流致热型设备，须要充分考虑负荷增大带来的温升变化，通过相对温差或实时监测等手段进行评估。

第八节　附录 H 电流致热型设备缺陷诊断判据

附录 H 主要讲的是电流致热型设备缺陷性质的判定，主要的判断方法有表面温度判断法和相对温差判断法。附录 H 将缺陷等级分为三个等级：一般缺陷、严重缺陷、紧急缺陷，将红外检测的设备缺陷等级纳入电力设备缺陷等级，进行统一管理。明确给出了不同设备和部位各等级缺陷划分的判断标准。表面温度判断法通过被测设备表面的最高温度直接划分缺陷等级；相对温差判断法通过所测设备表面的最高温，结合环境温度和参照设备温度计算相对温差，划分缺陷等级。

整个附录 H 表头部根据被测设备分为 6 部分，从红外图现象、形成原因到处理意见，形成完整的缺陷判断规范。

设备类别和部位：在进行缺陷判断之前要先明确设备的名称或者类别，然后再确定设备的异常部位。

热像特征：是整个被测设备的热分布图，电流致热型设备缺陷热点明显。

故障特征：指引起红外热图像异常的设备故障。

缺陷性质：根据电力设备管理规范，按缺陷的严重程度进行分级。

处理建议：对部分设备的缺陷给出处理意见或者试验意见。

备注：对设备缺陷判断的说明和引用部分红外热缺陷典型图进行参考，更直观的认识缺陷设备的红外热分布状态。

下面根据设备类别对原文进行逐条解释。

一、电器设备与金属部件的连接

» **【原文】**

设备类别和部位		热像特征	故障特征	缺陷性质			处理建议	备注
				紧急缺陷	严重缺陷	一般缺陷		
电器设备与金属部件的连接	接头和线夹	以线夹和接头为中心的热像，热点明显	接触不良	热点温度>110℃或δ≥95%且热点温度>80℃	80℃≤热点温度≤110℃或80%但热点温度未达紧急缺陷温度值	δ≥35%但热点温度未达到严重缺陷温度值		δ：相对温差如图 J.9、图 J.17 所示

» **【解读】**

电器设备与金属部件的发热，热点较为明显，一般由于接触不良引起。电器设备与金属部件连接是指电器设备本体引出部位与金属导线或者导电杆的连接部位，注意区分金属部件与金属部件连接的。上法兰引流板属于断路器的部件为判据里面的电器设备；另一边为输电导线的扁铁接头，为判据里面的金属部件；发热部位为两者搭接处即接头部位，热点明显（见图 3-27）。采用表面温度判断法依据进行缺陷性质的判断，同时计算相对温差，查询历史负荷，在大负荷的时候复测。设备类别中电器设备与金属部件的连接，电器设备是指设备本体或者和本体直接相连接的附件，附件材质可以是金属，注意和金属部件与金属部件的连接这一设备类别的区分。下面以图 3-27 为示例对 110kV 断路器进行缺陷判断。

断路器上引线接头处温度为 72.93℃，下引线接头处温度为 51.55℃作为参考温度，检测时环境温度 32℃。根据表面温度判断法，上接头发热未达到 80℃，暂定为一般缺陷。接下来用相对温差判断法补充。

相对温差 $\delta=$（72.93－51.55）/（72.93－32）×100％＝52％＞35％，根据检测时情况判定为一般缺陷。本身发热较严重，应查阅历史负荷后，在高负荷的时候进行复测，重新判断。

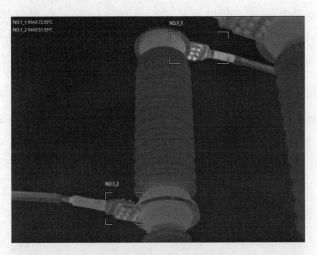

图 3-27　断路器接头发热图

二、金属部件与金属部件的连接

》【原文】

设备类别和部位		热像特征	故障特征	缺陷性质			处理建议	备注
				紧急缺陷	严重缺陷	一般缺陷		
金属部件与金属部件的连接	接头和线夹	以线夹和接头为中心的热像，热点明显	接触不良	热点温度＞130℃或 $\delta\geqslant95\%$ 且热点温度＞90℃	90℃≤热点温度≤130℃或 $\delta\geqslant80\%$ 但热点温度未达紧急缺陷温度值	$\delta\geqslant35\%$ 但热点温度未达到严重缺陷温度值		如图J.49、J.50所示

》【解读】

金属部件与金属部件的连接，发热较为明显，一般由搭接不良引起。

图 3-28 为电流互感器导电杆接头部位发热，靠近电器设备的发热部件要区分其中一侧的连接是属于电器设备的本体还是金属部件。左侧区域 1-1 是电流互感器内连接和接线板接头连接，属于电器设备与金属部件的连接；右侧区域 2-1 是电流互感器接线板和导电杆连接属于金属部件与金属部件的连接。发热部位为两个金属部件搭接处，热点明显。下面讲到的输电导线的搭接器也是两个金属部件的连接，所以判断标准是一样的。首先采用表面温度判断法进行缺陷性质的判断，同时计算相对温差，查询历史负荷，在大负荷的时候复测。下面以图 3-28 电流互感器导电杆连接处发热为示例来进行缺陷判断。

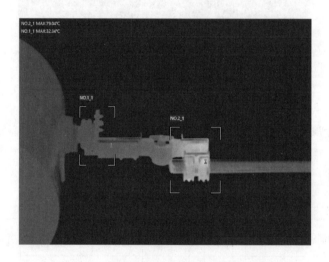

图 3-28　电流互感器导电杆连接处发热图

图 3-28 中电流互感器导电杆连接处发热，温度为 79.04℃，左侧接头处温度为 32.34℃作为参考温度，检测时环境温度 28℃。根据表面温度判断法，接头发热未达到 90℃，暂定为一般缺陷。接下来用相对温差判断法补充。

相对温差 δ＝（79.04－32.34）/（79.04－28）×100％＝91％＞80％，根据检测当时情况判定为严重缺陷。查阅历史负荷后，还应在高负荷的时候进行复测，重新判断。

三、金属导线

>> 【原文】

设备类别和部位	热像特征	故障特征	缺陷性质			处理建议	备注
			紧急缺陷	严重缺陷	一般缺陷		
金属导线	以导线为中心的热像，热点明显	松股、断股、老化或截面积不够	热点温度>110℃或δ≥95%且热点温度>80℃	80℃≤热点温度≤110℃或δ≥80%但热点温度未达到紧急缺陷温度值	δ≥35%但热点温度未达到严重缺陷温度值		

>> 【解读】

　　金属导线的发热主要是本体局部或者整根发热。局部发热一般是导线散股或者断股；整根导线发热一般是导线老化或者选型不合理，导线横截面过小无法承载大负荷。缺陷性质判断，优先采用表面温度判断法，小负荷情况下注意相对温差。图 3-29 是主变 35kV 出线套管的导线发热，框示

图 3-29　主变 35kV 出线套管的导线发热图

位置刚好是弯曲部位，存在散股的可能性。另外，导线三相整体对比都有发热，存在过载的可能。

图 3-29 中导线弯曲部位处发热，温度为 68.92℃，导线上部温度为 46.06℃作为参考温度，检测时环境温度 33℃。根据表面温度判断法，导线发热未达到 80℃，暂定为一般缺陷。接下来用相对温差判断法补充。

相对温差 δ＝（68.92－46.06）/（68.92－33）×100％＝64％＞35％，根据检测当时情况判定为一般缺陷。查阅历史负荷后，还应在高负荷的时候进行复测，重新判断。

四、输电导线的连接器

» 【原文】

设备类别和部位	热像特征	故障特征	缺陷性质			处理建议	备注
			紧急缺陷	严重缺陷	一般缺陷		
输电导线的连接器（耐张线夹、接续管、修补管、并沟线夹、跳线线夹、T 型线夹、设备线夹等）	以线夹和接头为中心的热像，热点明显	接触不良	热点温度＞130℃或 $\delta\geqslant95\%$ 且热点温度＞90℃	90℃≤热点温度≤130℃或 $\delta\geqslant80\%$ 但热点温度未达紧急缺陷温度值	$\delta\geqslant35\%$ 但热点温度未达到严重缺陷温度值		如图 J.51 所示

» 【解读】

输电导线的连接器，指的是两段导线连接处的部件，是为了实现可靠的电连接，接触时会产生热、电、磁等各种效应。由于材料或者接触面的不同，不可靠的连接，会造成发热，热点较为明显。图 3-30 为龙门架悬式绝缘子导线的 T 型线夹发热。缺陷性质判断，优先采用表面温度判断法，小负荷情况下注意相对温差。

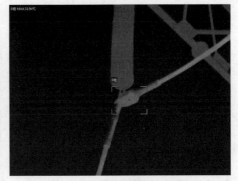

(a) A相线夹　　　　　　　　　(b) B相线夹

图 3-30　T 型线夹发热图（环境温度 28℃）

图 3-30 中 A 相线夹发热，温度为 53.3℃，B 相温度为 33.9℃作为参考温度，检测环境温度 28℃。根据表面温度判断法，线夹发热未达到 80℃，暂定为一般缺陷。接下来用相对温差判断法补充。

相对温差 δ＝（53.33－33.94）/（53.33－28）×100％＝76％＞35％，根据检测当时情况判定为一般缺陷。查阅历史负荷后，还应在高负荷的时候进行复测，重新判断。

五、隔离开关

》【原文】

设备类别和部位		热像特征	故障特征	缺陷性质			处理建议	备注
				紧急缺陷	严重缺陷	一般缺陷		
隔离开关	转头	以转头为中心的热像	转头接触不良或断股	热点温度>130℃或δ≥95％且热点温度>90℃	90℃≤热点温度≤130℃或δ≥80％但热点温度未达紧急缺陷温度值	δ≥35％但热点温度未达到严重缺陷温度值		如图 J.52 所示
	刀口	以刀口压接弹簧为中心的热像	弹簧压接不良	热点温度>130℃或δ≥95％且热点温度>90℃	90℃≤热点温度≤130℃或δ≥80％但热点温度未达紧急缺陷温度值	δ≥35％但热点温度未达到严重缺陷温度值	测量接触电阻	如图 J.53 所示

>> 【解读】

隔离开关（也叫刀闸）由于操作频率相对较高，在变电站内发热较为常见。隔离开关是金属结构，所以其判断标准和金属部件与金属部件的连接这一设备类别一致。隔离开关的发热部位不限于转头和刀口位置，对接触环、拐臂、引线接头等位置发热也可以用上述标准判断。对于刀闸缺陷性质判断，优先采用表面温度判断法，小负荷情况下注意相对温差。刀闸的检测要注意检测角度，刀口往往是在触头接触那一面发热最为严重。图 3-31 中刀口发热在触头位置，若是转到另一面检测，最高温会偏低不少，容易引起缺陷误判。

示例 1：刀口发热

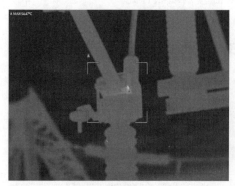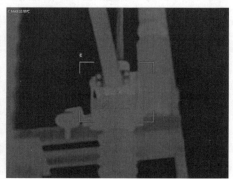

(a) A 相刀口   (b) C 相刀口

图 3-31 刀口发热

图 3-31 中 A 相刀口发热，温度为 54.47℃，C 相刀口温度为 33.95℃作为参考温度，检测环境温度 26℃。根据表面温度判断法，刀口发热未达到 90℃，暂定为一般缺陷。接下来用相对温差判断法补充。

相对温差 $\delta=$（54.47－33.95）/（54.47－26）×100％＝72％＞35％，根据检测当时情况判定为一般缺陷。查阅历史负荷后，还应在高负荷的时候进行复测，重新判断。

示例 2：转头发热

图 3-32 中 B 相转头发热，温度为 70.11℃，A 相转头温度为 32.02℃

作为参考温度，检测环境温度 27℃。根据表面温度判断法，转头发热未达到 90℃，暂定为一般缺陷。接下来用相对温差判断法补充。

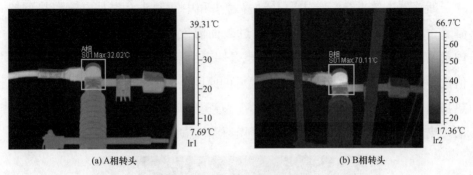

(a) A相转头　　　　　　　　　　　　(b) B相转头

图 3-32　转头发热图

相对温差 $\delta = (70.11-32.02) / (70.11-27) \times 100\% = 88\% > 35\%$，根据检测当时情况判定为严重缺陷。查阅历史负荷后，还应在高负荷的时候进行复测，重新判断。

六、断路器

▶【原文】

设备类别和部位		热像特征	故障特征	缺陷性质			处理建议	备注
				紧急缺陷	严重缺陷	一般缺陷		
断路器	动静触头	以顶帽和下法兰为中心的热像，顶帽温度大于下法兰温度	压指压接不良	热点温度>80℃或$\delta \geqslant 95\%$且热点温度>55℃	55℃≤热点温度≤80℃或$\delta \geqslant 80\%$但热点温度未达紧急缺陷温度值	$\delta \geqslant 35\%$但热点温度未达到严重缺陷温度值	测量接触电阻	内外部的温差约为50K~70K如图J.54、图J.55所示
	中间触头	以下法兰和顶帽为中心的热像，下法兰温度大于顶帽温度	压指压接不良	热点温度>80℃或$\delta \geqslant 95\%$且热点温度>55℃	55℃≤热点温度≤80℃或$\delta \geqslant 80\%$但热点温度未达紧急缺陷温度值	$\delta \geqslant 35\%$但热点温度未达到严重缺陷温度值	测量接触电阻	内外部的温差为40K~60K如图J.55

>> 【解读】

断路器本体发热部分主要是动静触头和中间触头，也是电流致热型缺陷。由于存在内部连接的发热，通过表面温度判断法会造成较大的误差，内部实际温度会大于表面温度。这也是用表面温度判断法判定缺陷性质其阈值比一般电器设备与金属设备发热要低的原因。图 3-33 为断路器动静触头发热，相较其他两相热点明显，发热相温度达到 82.4℃。采用表面温度判断法，热点温度已经超过 80℃，直接判定为紧急缺陷，应立即安排消缺处理。

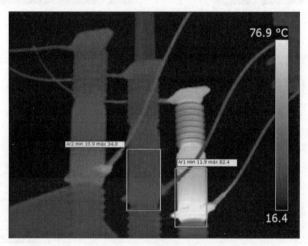

图 3-33　动静触头发热图

七、电流互感器发热

>> 【原文】

设备类别和部位		热像特征	故障特征	缺陷性质			处理建议	备注
				紧急缺陷	严重缺陷	一般缺陷		
电流互感器	内连接	以串并联出线头或大螺杆出线夹为最高温度的热像或以顶部铁帽发热为特征	螺杆接触不良	热点温度＞80℃或δ≥95%且热点温度＞55℃	55℃≤热点温度≤80℃或δ≥80%但热点温度未达紧急缺陷温度值	δ≥35%但热点温度未达到严重缺陷温度值	测量一次回路电阻	内外部的温差为30K～45K如图J.10所示

>> 【解读】

电流互感器内连接指的是内部接头发热，往往是内部接触不良引起。图 3-34 为出线螺杆靠近电流互感器本体端发热，热点在本体内部。部分结构的互感器内连接异常的时候是顶部整个铁帽发热。除了采用表面温度判断法外，还应注意和同类设备的对比。对于内部发热无法直接确定缺陷类型的，可以测量一次回路电阻，充油型电流互感器还可以做油色谱分析。

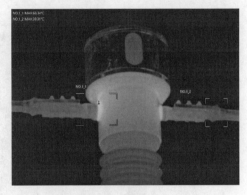

图 3-34 中电流互感器出线螺杆处发热达到 68.34℃，大于 55℃，根据表面温度判断法，可以直接判定为严重缺陷。根据红外图分析，左右两侧螺杆处都有发热，不适合选取右侧出线螺杆部位作为参考设备来计算相对温差。根据经验，正常情况下螺杆处温度和右侧接头的温度相近。

图 3-34 电流互感器内连接发热图

若要计算相对温差可以参考右侧金属连接处的温度。内部发热情况比较复杂，内部温度往往远大于表面温度，建议尽快安排消缺处理。

八、套管

>> 【原文】

设备类别和部位		热像特征	故障特征	缺陷性质			处理建议	备注
				紧急缺陷	严重缺陷	一般缺陷		
套管	柱头	以套管顶部柱头为最热的热像	柱头内部并线压接不良	热点温度>80℃或 δ≥95% 且热点温度>55℃	55℃≤热点温度≤80℃ 或 δ≥80% 但热点温度未达紧急缺陷温度值	δ≥35% 但热点温度未达到严重缺陷温度值		如图 J.38、图 J.40 所示

143

≫【解读】

柱头是套管内部和外部导线连接的桥梁，柱头发热是将军帽内部金属部件的接触不良造成。要明确热点部位，图3-35中发热中心在柱头靠近将军帽部位，判断标准用套管—柱头发热。如果图3-35发热中心部位在引流板搭接部位则用电器设备与金属部件的发热标准判断。柱头发热涉及套管内部，应及时处理，必要的时候可以上重症监护系统实时观测。

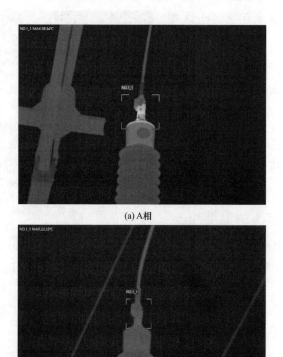

(a) A相

(b) B相

图3-35 110kV套管柱头发热图

图3-35中A相柱头发热，温度为38.34℃，C相温度为22.25℃作为参考温度，检测环境温度为17℃。根据表面温度判断法，柱头发热未达到55℃，暂定为一般缺陷。接下来用相对温差判断法补充。

相对温差 $\delta=(38.34-22.25)/(38.34-17)\times100\%=75\%>35\%$，未达到 80%，根据检测当时情况判定为一般缺陷。查阅历史负荷后，还应在高负荷的时候进行复测，重新判断。

九、电容器

》【原文】

设备类别和部位		热像特征	故障特征	缺陷性质			处理建议	备注
				紧急缺陷	严重缺陷	一般缺陷		
电容器	熔丝	以熔丝中部靠电容侧为最热的热像	熔丝容量不够	热点温度>80℃或δ≥95%且热点温度>55℃	55℃≤热点温度≤80℃或δ≥80%但热点温度未达紧急缺陷温度值	δ≥35%但热点温度未达到严重缺陷温度值	检查熔丝	环氧管的遮挡如图J.18所示
	熔丝座	以熔丝座为最热的热像	熔丝与熔丝座之间接触不良	热点温度>80℃或δ≥95%且热点温度>55℃	55℃≤热点温度≤80℃或δ≥80%但热点温度未达紧急缺陷温度值	δ≥35%但热点温度未达到严重缺陷温度值	检查熔丝座	如图J.18所示

》【解读】

此处的电容器主要指电容器组的熔丝和熔丝座部分，为电流致热型缺陷。而电容器本体发热属于电压致热型缺陷。熔丝和熔丝座发热的判断标准是一致的。熔丝发热热像特征为整根熔丝管发热，一般中部温度最高，图 3-36（a）为电容器熔丝发热，整根熔丝管发热明显，一般由受潮或者老化引起熔丝容量变小；熔丝座发热，热像特征为整个熔丝座热点温度最高，图 3-36（b）为熔丝座发热，一般由接触不良引起。

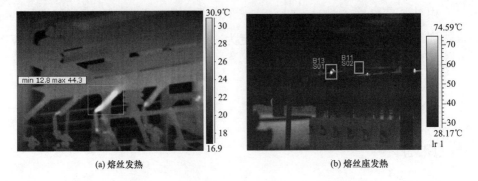

(a) 熔丝发热　　　　　　　　　　　　　　(b) 熔丝座发热

图 3-36　电容器熔丝和熔丝座发热图

十、直流换流阀

>> 【原文】

设备类别和部位		热像特征	故障特征	缺陷性质			处理建议	备注
				紧急缺陷	严重缺陷	一般缺陷		
直流换流阀	电抗器	以铁芯表面过热为特征	铁芯损耗异常	热点温度＞70℃（设计允许限值）	温差＞10K，60℃≤热点温度≤70℃	温差＞5K，热点温度未达严重缺陷温度值		如图 J.64 所示

>> 【解读】

　　直流换流阀一般在阀厅里以阀塔的形式出现（见图 3-37）。阀厅磁场较强一般很少进行人工巡视，宜安装多台在线型红外热像仪，尽量对阀塔进行全方位覆盖。阀塔由多个相同的阀组件组成，除了检测表面温度，对于局部发热部位还应和相邻组件对比，计算温差。表面温度判断法和温差判断法同时进行，采取从重原则。

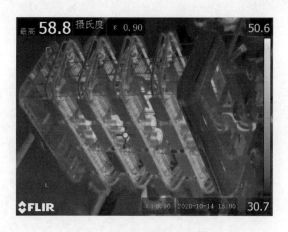

图 3-37 换流阀塔红外图

十一、变压器

【原文】

设备类别和部位		热像特征	故障特征	缺陷性质			处理建议	备注
				紧急缺陷	严重缺陷	一般缺陷		
变压器	箱体	以箱体局部表面过热为特征	漏磁环(涡)流现象	热点温度＞105℃	85℃≤热点温度≤105℃	δ≥35％但热点温度未达到严重缺陷温度值	检查油色谱和轻瓦斯动作情况	如图J.2、图J.4所示

【解读】

　　此处对变压器的检测主要是本体局部发热检测（见图 3-38），尤其要注意上下沿螺栓连接处。检测的时候注意变压器四个面都要检测。变压器内油和其他绝缘材料分解会形成气体，我们把这种气体叫瓦斯气体，本体红外图异常时可以先检查轻瓦斯动作情况。还可以采取其他试验手段比如变压器油色谱分析和局部放电检测来确定缺陷原因。

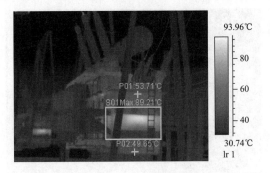

图 3-38　变压器本体局部发热

十二、干式变压器、接地变压器、串联电抗器、并联电抗器

≫【原文】

设备类别和部位		热像特征	故障特征	缺陷性质			处理建议	备注
				紧急缺陷	严重缺陷	一般缺陷		
干式变压器、接地变压器、串联电抗器、并联电抗器	铁芯	以铁芯局部表面过热为特征	铁芯局部短路	H 级绝缘热点温度>155℃；F 级绝缘热点温度>180℃	F 级绝缘130℃≤热点温度≤155℃；H 级绝缘140℃≤热点温度≤180℃	δ≥35％但热点温度未达到严重缺陷温度值		如图 J.70 所示
	绕组	以绕组表面有局部过热或出线端子处过热为特征	绕组匝间短路或接头接触不良	H 级绝缘热点温度>155℃；F 级绝缘热点温度>180℃；相间温差>20℃	F 级绝缘130℃≤热点温度≤155℃；H 级绝缘140℃≤热点温度≤180℃；相间温差>10℃	δ≥35％但热点温度未达到严重缺陷温度值		

≫【解读】

干式变压器、干式串联电抗器、干式并联电抗器结构里都包含铁芯和绕组，无论是铁芯还是绕组发热其判断标准是一致的。由于铁芯和绕组其所用材料不同，所对应的判断标准也不同，可通过设备铭牌查询相应编号。F级和H级是GB/T 11021《电气绝缘　耐热性和表示方法》中绝缘材料允许工作的温度极限。图3-39敞开式的干式变压器结构可以用以上标准判断，若铁芯和绕组装在壳体内，则无法直接测得内部温度，此判断标准需酌情选用。

图 3-39　10kV 干式变压器

第九节　附录 I 电压致热型设备缺陷诊断判据

附录 I 主要介绍了电压致热型设备的诊断判据，根据设备类别以图像特征判断法和温差判断法为主。电压致热型缺陷往往发生在设备内部，情况比较复杂，设备劣化速度快，缺陷等级判定为严重及以上。

一、电流互感器

» 【原文】

设备类别		热像特征	故障特征	温差 K	处理建议	备注
电流互感器	10kV 浇注式	以本体为中心整体发热	铁芯短路或局放增大	4	进行伏安特性或局部放电试验	
	油浸式	以瓷套整体温升增大，且瓷套上部温度偏高	介质损耗偏大	2~3	进行介质损耗、油色谱、油中含水量检测	含气体绝缘 TA，如图 J.6 所示

» 【解读】

此条款主要是针对浇注式和油浸式电流互感器进行红外检测。电流互感器本体发热和油箱发热都属于电压致热型缺陷，主要根据图像特征，结合同类设备对比、温差进行判断。套管局部发热可以选取不同部位计算温差；整体发热可以与同类设备对比计算温差，检测时可以考虑把要对比的三相设备放在同一张图片内，容易在第一时间根据热像图找出异常。如图 3-40

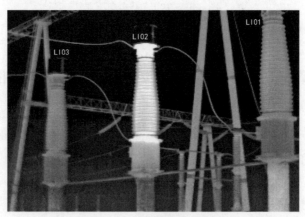

图 3-40　电流互感器异常图

中三相电流互感器，中间 B 相颜色明显不同，整体温度比其他两相要高。发现异常后可对设备进行整体或者局部的细节检测。同时还可采取其他手段如局放、介损、油色谱、微水分析等来确定缺陷。

二、电压互感器

》【原文】

设备类别		热像特征	故障特征	温差 K	处理建议	备注
电压互感器（含电容式电压互感器的互感器部分）	10kV 浇注式	以本体为中心整体发热	铁芯短路或局放增大	4	进行特性或局部放电试验	
	油浸式	以整体温升偏高，且中上部温度高	介质损耗偏大、匝间短路或铁芯损耗增大	2～3	进行介质损耗、空载、油色谱及油中含水量测量	铁芯故障特征相似，温升更明显

此条款主要是针对浇注式和油浸式电压互感器进行红外检测。不论是电压互感器还是电流互感器两者都是互感器，本规范对于两种设备本体缺陷的判断标准是一致的。电压互感器本体发热和油箱发热都属于电压致热型缺陷，根据图像特征结合同类设备对比、温差进行判断。电容式电压互感器还存在局部发热的可能，主要是由于电容单元局部放电引起，套管局部发热可以选取不同部位计算温差；整体发热可以同类设备对比计算温差，检测时可以考虑把要对比的设备放在同一张图片内。如图 3-41 电压互感器都是两相拍在同一张图内，容易在第一时间根据热像图找出异常设备。发现异常后可对异常相进行整体或者局部的细节检测。同时还可采取其他手段如局部放电检测、介质损耗测量、油色谱分析、微水分析等来确定缺陷。

图 3-41　电压互感器异常图

三、耦合电容器

【原文】

设备类别		热像特征	故障特征	温差 K	处理建议	备注
耦合电容器	油浸式	以整体温升偏高或局部过热，且发热符合自上而下逐步递减的规律	介质损耗偏大，电容量变化、老化或局放	2～3	进行介质损耗测量	如图 J.14～图 J.16 所示

【解读】

耦合电容器的芯子装在绝缘瓷套管内，瓷套管内充有绝缘油。耦合电容器发热要注意局部发热和整体发热。局部发热可选取不同部位计算温差；整体发热需寻找同类设备计算温差。图 3-42 为 220kV 耦合电容器，左图（a）为无异常耦合电容器，上、下节无明显色差、温度几乎一致。右图（b）上、下节有明显色差，对比左图同类设备温差达到 3K（29.22-26.23），为严重缺陷，应尽快安排消缺。

(a) 热分布正常

(b) 上节异常

图 3-42　耦合电容器

四、移相电容器

» 【原文】

设备类别	热像特征	故障特征	温差 K	处理建议	备注
移相电容器	热像一般以本体上部为中心的热像图，正常热像最高温度一般在宽面垂直平分线的三分之二高度左右，其表面温升略高，整体发热或局部发热	介质损耗偏大，电容量变化、老化或局放	2~3	进行介质损耗测量	采用相对温差判别即 $\delta>20\%$ 或有不均匀热像如图 J.20 和图 J.21 所示

» 【解读】

移相电容器本体的发热一般有局部发热和整体发热两种情况。局部发热一般由局放或者局部老化破损引起。整体发热一般是介损偏大或者整个电容器老化引起的。正常设备在图 3-43 红圈所标示位置即宽面垂直平分线三分之二高度位置有轻微发热。图 3-44 为移相电容器整体发热，两个电容器本体温差在 4K 以上，判定为严重缺陷，建议做介质损耗测量或者直接更换。

图 3-43 移相电容器图

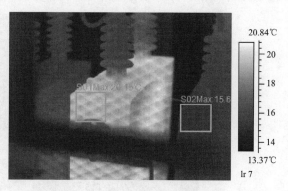

图 3-44 移相电容器整体发热图

153

五、高压套管

【原文】

设备类别	热像特征	故障特征	温差 K	处理建议	备注
高压套管	热像特征呈现以套管整体发热热像	介质损耗偏大	2～3	进行介质损耗测量	穿墙套管或电缆头套管温差更小
	热像为对应部位呈现局部发热区故障	局部放电故障油路或气路的堵塞	2～3		

【解读】

　　按绝缘结构和主绝缘材料的不同，将高压套管分为纯瓷套管、充油套管、油纸电容式套管等，这里的高压套管是指所有 10kV 以上的套管。套管本体的发热为电压致热型故障，主要是整体发热和局部发热。局部发热有可能是内部局放、表面脏污、受潮引起；整体发热一般是由介损偏大或者内部油劣化引起，检测的时候注意热像特征并与同类设备对比。当温差达到 2K 的时候要引起重视，需注意穿墙套管温差可能更小，同时注意周边环境热辐射影响，可结合其他手段如介质损耗测量进行缺陷判断。图 3-45

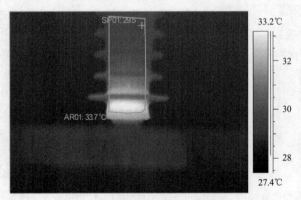

图 3-45　套管底部发热

是套管底部发热，上下温差（33.7-29.5）大于 4K，判定为严重缺陷。

六、充油套管

» 【原文】

设备类别		热像特征	故障特征	温差 K	处理建议	备注
充油套管	绝缘子柱	热像特征是以油面处为最高温度的热像，油面有一明显的水平分界线	缺油			如图 J.38 和图 J.43 所示

» 【解读】

缺油是针对充油套管本体绝缘子柱检测的。对于充油型套管，运行设备中的油温度要比空气高，由于空气和油的比热容不同，用热像仪检测套管整体，在油和空气分离处有明显温度分界线。图 3-46 为主变 110kV 套管，A 相套管标记处上半截颜色发暗即温度偏低，下半截和其他两相颜色相近即温度基本一致，标记处存在明显的分解面，该处为套管的油位面，符合缺油的热像特征。

图 3-46　主变套管缺油

七、氧化锌避雷器

【原文】

设备类别	热像特征	故障特征	温差K	处理建议	备注
氧化锌避雷器	正常为整体轻微发热，分布均匀，较热点一般在靠近上部，多节组合从上到下各节温度递减，引起整体（或单节）发热或局部发热为异常	阀片受潮或老化	0.5～1	进行直流和交流试验	合成套比瓷套温差更小如图 J.22～图 J.25 所示

【解读】

电网设备中的避雷器主要是氧化锌避雷器，本体部位的发热以局部发热为主，多数由受潮或者阀片老化造成介质损耗引起，温差较小，达到0.5K 的时候就要引起重视。要注意上下节和同类设备的对比，可以进行直流泄漏电流试验和交流放电试验。避雷器检测的时候尽量选择背景干净，周边无高温热辐射影响的方位。图 3-47（a）避雷器本体颜色不一致，存在局部亮斑即有一定的温差。图 3-47（b）为正常图谱，整个避雷器从上至下颜色较为均匀。

(a) 异常图谱

(b) 正常图谱

图 3-47　避雷器本体发热图

八、绝缘子

» 【原文】

设备类别		热像特征	故障特征	温差K	处理建议	备注
绝缘子	瓷绝缘子	正常绝缘子串的温度分布同电压分布规律，即呈现不对称的马鞍型，相邻绝缘子温差很小，以铁帽为发热中心的热像图，其比正常绝缘子温度高	低值绝缘子发热（绝缘电阻在10M～300MΩ）	1	进行精确检测或其他电气方法零、低阻值的检测确认，视缺陷绝缘子片数作相应的缺陷处理	如图J.47所示
		发热温度比正常绝缘子要低，热像特征与绝缘子相比，呈暗色调	零值绝缘子发热（0～10MΩ）	1		5MΩ～10MΩ时可出现检测盲区，热像同正常绝缘子
		其热像特征是以瓷盘（或玻璃盘）为发热区的热像	于表面污秽引起绝缘子泄漏电流增大	0.5		如图J.46所示
	合成绝缘子	1. 在绝缘良好和绝缘劣化的结合处出现局部过热，随着时间的延长，过热部位会移动	伞裙破损或芯棒受潮	0.5～1		如图J.44和图J.45所示
		2. 球头部位过热	球头部位松脱、进水			

» 【解读】

绝缘子的红外检测主要是通过绝缘子的发热情况检测零值缺陷和低值缺陷。正常绝缘子是有很大的阻值（大于300MΩ），当阻值变低的时候，电流变大形成电阻发热。当绝缘子被击穿的时候电阻值变得非常低（0～10MΩ）类似与导线导通，比正常绝缘子的温度要低。某些绝缘子由于工艺的问题整根棒芯都会发热，支柱绝缘瓷瓶有裂纹或者受潮的时候也会引起发热。绝缘子异常初期的时候温差不明显。当低值绝缘子阻值在 5～10MΩ 时，也会轻微发热，与正常绝缘子温度无异，通过测温很难发现其缺陷。图 3-48 中正常绝缘子温度大约在 32℃，而发热处最高温度达到 41℃，且不止一片发热，判定为紧急缺陷。

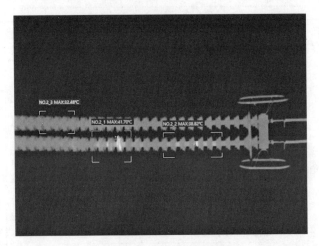

图 3-48　绝缘子发热图

九、电缆终端

>> 【原文】

设备类别	热像特征	故障特征	温差 K	处理建议	备注
电缆终端	橡塑绝缘电缆半导电断口过热	内部可能有局部放电	5～10		10kV、35kV 热缩终端
	以整个电缆头为中心的热像	电缆头受潮、劣化或气隙	0.5～1		采用相对温差判定即 δ>20% 或有不均匀热像
	以护层接地连接为中心的发热	接地不良	5～10		
	伞裙局部区域过热	内部可能有局部放电	0.5～1		
	根部有整体性过热	内部介质受潮或性能异常	0.5～1		

≫ 【解读】

电缆终端电压致热缺陷的检测是针对电缆本体，出线接头的发热是电流致热型缺陷。电缆终端的发热有半导电断口过热、护层接地连接头发热、伞裙整体发热、伞裙局部发热、根部发热、尾管发热。当温差大于 0.5K 的时候要引起重视，根据相对温差和热图像特征判断缺陷。必要的时候可采用高频局放法检测电缆内部是否有局放。电缆异常表面温差很小，检测时一定要注意周边环境的热辐射影响，一般选择在夜间检测。图 3-49～图 3-51是电缆发生异常的一些典型红外图。

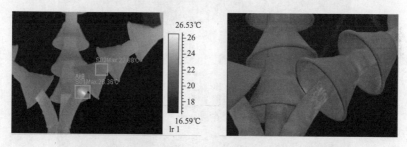

图 3-49 电缆护套绝缘受损红外图及对应的可见光图

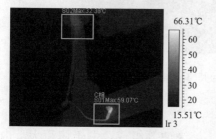

图 3-50 电缆护层接地发热图

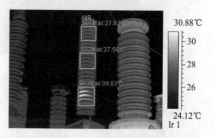

图 3-51 伞裙局部过热图

第十节 附录 J 电气设备缺陷部分典型红外热图像

一、变压器红外热像检测

变压器是电网中最为关键的设备之一，担负着电能输送和电压转换的作用。变压器组成部件包括本体、冷却装置、调压装置、保护装置（气体继电器、储油柜、测温装置等）和出线套管。目前，红外测温是变压器带电状态下的有效检测手段，通过红外热成像技术能发现变压器本体、储油柜、套管、冷却器及其控制回路等大量不同类型的缺陷。

（一）冷却器

冷却器又称散热器，用油循环方式散热。变压器常见冷却方式有自冷、风冷、强油风冷等，冷却器主要由散热片、联管、阀门、风扇、潜油泵等组成，常见的红外检测发热缺陷图见图 3-52。

图 3-52　疑似散热片阀门堵塞或关闭图

（二）本体

变压器本体由铁芯、线圈、油箱、绝缘油等组成，由于体积大、内部油循环，很难通过红外检测发现变压器内部故障或缺陷，但可以发现漏磁一类的发热缺陷，常见的发热缺陷见图 3-53～图 3～55。

（三）储油柜

储油柜俗称油枕，为一圆筒形容器。当变压器油热胀时，油由油箱流向储油柜；当变压器油冷缩时，油由储油柜流向油箱。变压器储油柜按照结构可分为敞开式、隔膜式、胶囊式、金属纹波式，在油位指针指示不准的情况下，可以通过红外检测其真实油位。常见的发热缺陷发热图见图 3-56。

图 3-53 变压器漏磁环流引起箱体局部异常发热

图 3-54 500kV 主变压器本体三相温度分布
不一致 B 相强油循环没打开

二、电流互感器红外热像检测

电流互感器是将系统高电压、大电流的信息传递到低电压、小电流二次侧，联络一次系统和二次系统的重要元件，电流互感器在系统中数量众多，其性能的好坏，将直接影响供电的可靠性。电流互感器按照绝缘介质

161

可分为充油电容型、SF_6 气体绝缘互感器，35kV 及以下电压等级有固体绝缘互感器。充油电容型电流互感器数量较多，一般由一次导电回路、电容屏、绝缘油、二次线圈、外瓷等组成，通过红外检测手段不仅能有效发现一次接点发热等电流致热缺陷，还能检测到介损超标等电压致热型缺陷。

图 3-55　变压器漏磁引起的螺栓发热

(a) 油位呈曲线、油枕隔膜脱落　　　　　　　　　　　(b) 正常

图 3-56　220kV 主变压器油枕

电流互感器常见的红外检测发热缺陷图见图 3-57～图 3～64。

图 3-57　互感器 B 相介损偏高发热

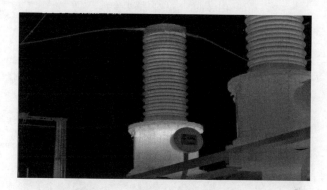

图 3-58　互感器电磁单元异常发热

图 3-59　互感器变比接头发热

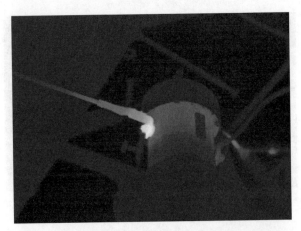

图 3-60　互感器接头发热

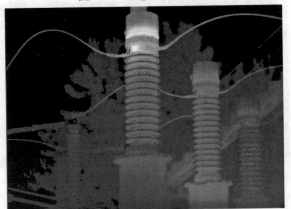

图 3-61　互感器内接头发热

图 3-62　220kV 倒置式电流互感器油箱异常发热

图 3-63 35kV 环氧式电流互感器本体异常发热

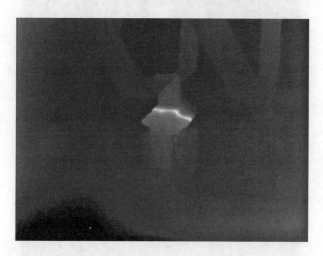

图 3-64 10kV 电流互感器发热

三、耦合电容器红外热像检测

耦合电容器主要用于工频高压输电线路中，使强电与弱电通过电容器耦合隔离，与结合滤波器一起实现载波、通信等目的。耦合电容器结构较为简单，内部由串并联的电容元件组成，运用红外热成像检测技术能有效发现各类电压致热型缺陷。

耦合电容器常见的红外检测发热缺陷图见图 3-65～图 3-68。

图 3-65 耦合电容器电容量减少 10%，引起异常发热

图 3-66 耦合电容器介损超标，异常发热

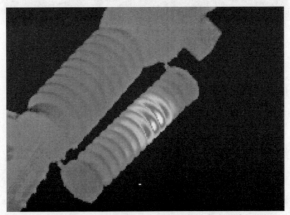

图 3-67 高压断路器均压电容局部异常发热

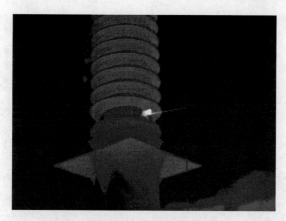

图 3-68　耦合电容器电容接头异常发热

四、电容器红外热像检测

电容器主要用于补偿电力系统感性负荷的无功功率，以提高功率因数，改善电压质量，降低线路损耗。单相并联电容器主要由芯子、外壳和出线结构等几部分组成。用金属箔（作为极板）与绝缘纸或塑料薄膜叠起来一起卷绕，由若干元件、绝缘件和紧固件经过压装而构成电容芯子，并浸渍绝缘油。电容极板的引线经串、并联后引至出线瓷套管下端的出线连接片。电容器的金属外壳内充以绝缘介质油。按结构可分为集合式电容器和分散式电容器。通过红外检测能发现电容器本体绝缘缺陷和接点发热缺陷。

并联电容器常见的红外检测发热缺陷图见图 3-69～图 3-72。

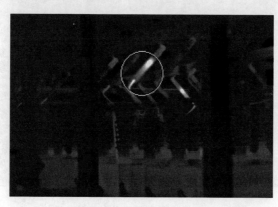

图 3-69　电容器熔丝异常发热

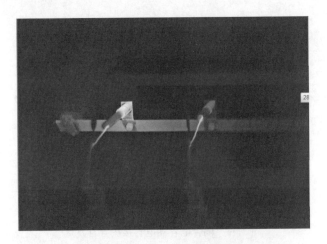

图 3-70　电容器熔丝座异常发热

图 3-71　电容器局部发热

图 3-72　电容器介损偏大引起异常发热

五、避雷器红外热像检测

避雷器的作用是限制电力系统中操作过电压与雷击过电压，该类设备数量较多，现在电网中大部分使用的是金属氧化物避雷器，由于工艺质量原因，避雷器在运行中出现较多的进水受潮而导致的设备故障，通过红外检测能早期发现此类设备隐患。

金属氧化物避雷器常见的红外检测发热缺陷图见图 3-73～图 3-76。

图 3-73 220kV 避雷器前相上节温度分布异常

图 3-74 110kV 合成避雷器温度分布异常

图 3-75　10kV 避雷器异常发热

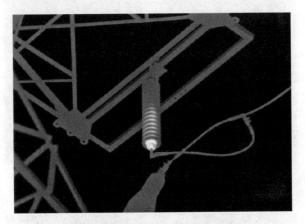

图 3-76　110kV 线路避雷器异常发热

六、电力电缆红外热像检测

电线电缆的主要功能就是传输电能，一般由导体（或称导电线芯）、绝缘层、屏蔽层、填充层、内护层、铠装层组成，按绝缘类型及结构可分为油浸纸绝缘电力电缆、塑料绝缘电力电缆和橡皮绝缘电力电缆等。通过红外检测不仅能发现各类接点发热等电流致热型缺陷，还可以检测电缆受潮等电压致热型缺陷。

电力电缆常见的红外检测发热缺陷图见图 3-77～图 3-88。

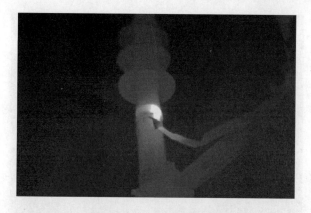

图 3-77　电缆屏蔽层异常发热，电场不均匀

图 3-78　电缆接头异常发热，连接不良

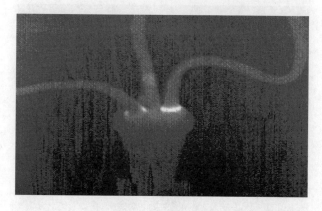

图 3-79　10kV 油纸电缆接头异常发热，分相处电容放电

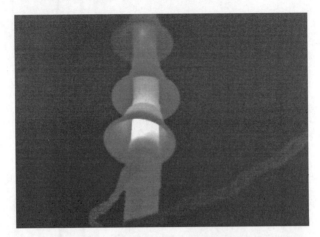

图 3-80　电缆头包接不良，异常发热

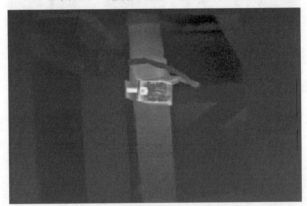

图 3-81　电缆固定夹件异常发热

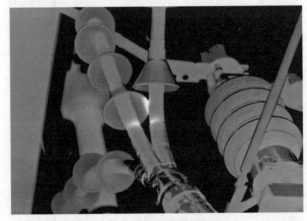

图 3-82　35kV 电缆接触部位有放电

图 3-83 电缆护套受损，异常发热

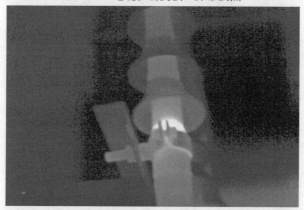

图 3-84 35kV 交联电缆终端场强不均匀，异常发热

图 3-85 110kV 绝缘子电缆头局部异常发热

图 3-86   35kV 电缆接地引线局部异常发热

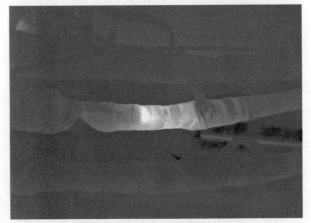

图 3-87   电缆中间接头异常发热

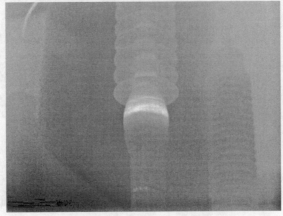

图 3-88   电缆均压头异常发热

七、高压套管红外热像检测

高压套管主要用在高压载流导体需要穿过与其电位不同的金属箱壳或墙壁处，起到绝缘作用。按绝缘结构和主绝缘材料的不同，将高压套管分为纯瓷套管、充油套管、油纸电容式套管等。电容式套管由电容芯子、瓷套、连接套筒和固定附件组成，电容芯子是套管的主绝缘，瓷套是外绝缘和保护芯子的密闭容器。红外检测既可以发现接点发热等电流致热型缺陷，还可以发现穿墙套管涡流损耗等综合致热型缺陷及套管受潮等电压致热型缺陷。

高压套管常见的红外检测发热缺陷图见图 3-89～图 3-94。

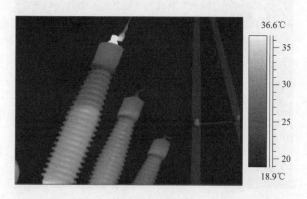

图 3-89　变压器套管发热套管缺油及柱头异常发热

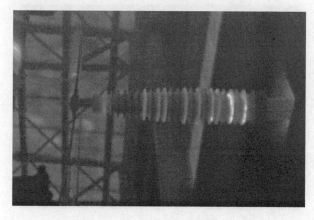

图 3-90　穿墙套管发热，套管外表污秽

175

图 3-91　套管柱头异常发热，内连接接触不良

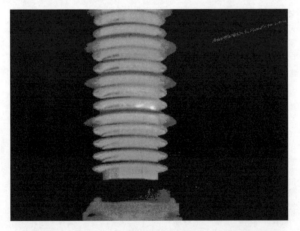

图 3-92　套管硅橡胶增爬伞裙套粘接不良发热

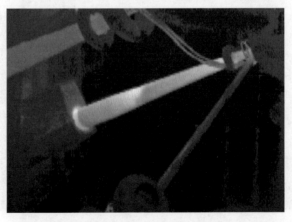

图 3-93　直流 500kV 换流变阀侧套管温度分布异常

图 3-94 35kV 电抗器—中性套管发暗，
纯瓷套管窝气现象（图示手在排气）

八、绝缘子红外热像检测

绝缘子俗称瓷瓶，它是用来支持导线的绝缘体。绝缘子种类很多，主要有：悬式绝缘子（输电线路和变电站构架上常用绝缘子）、针式绝缘子（6～10kV 配电线路常用绝缘子）、棒形绝缘子（变电站支持绝缘子及合成绝缘子）等。通过红外检测能发现绝缘子各类电压致热型缺陷。

绝缘子常见的红外检测发热缺陷图见图 3-95～图 3-99。

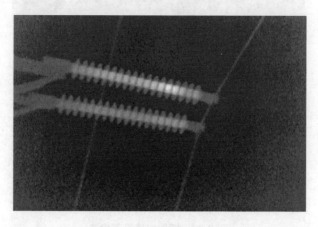

图 3-95 110kV 横担合成绝缘子内部芯棒受潮，异常发热

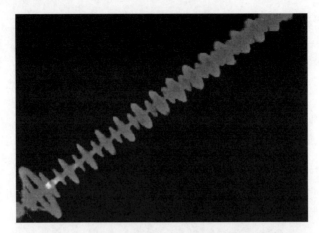

图 3-96　500kV 合成绝缘子端部芯棒受潮发热

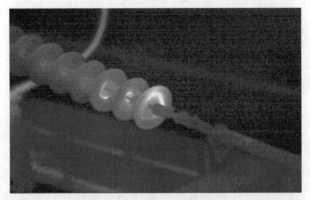

图 3-97　表面污秽瓷绝缘子发热

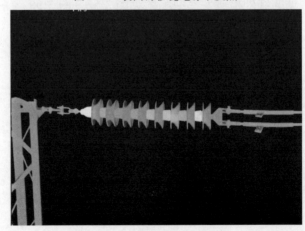

图 3-98　低值瓷绝缘子发热

图 3-99 35kV 隔离开关支撑绝缘子异常发热

九、导线线夹红外热像检测

导引线起着连接各类设备的作用，承载着高电压、大电流。导线由铝、钢、铜等材料制成，常用的导引线有铝绞线、钢芯铝绞线等。红外检测导引线发热缺陷多是电流致热型。

导引线常见的红外检测发热缺陷图见图 3-100～图 3-102。

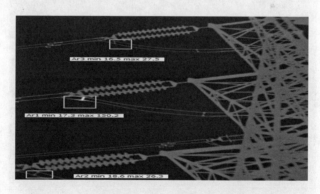

图 3-100 220kV 线路中间相引流线间隔棒发热 150℃

十、隔离开关红外热像检测

隔离开关是高压开关中使用最多的一种电气设备，它的作用是将需要检修的电气设备与带电的电网隔离或转换系统设备运行方式。隔离开关主要由导电回路、支柱绝缘和操动机构组成。该类设备需要经常操作，导电回路接点多，发生过热性故障概率较高，通过红外检测发现电流致热缺陷较多。

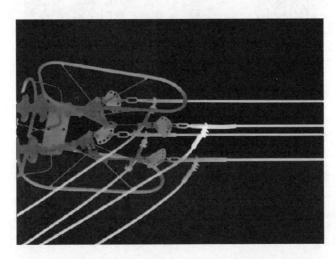

图 3-101　500kV 线夹异常发热，接触不良

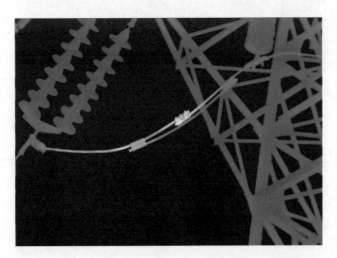

图 3-102　110kV 并沟线夹异常发热，接触不良

隔离开关常见的红外检测缺陷图见图 3-103～图 3-105。

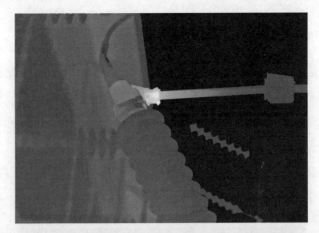

图 3-103 隔离开关内转头异常发热，接触不良

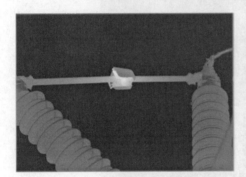 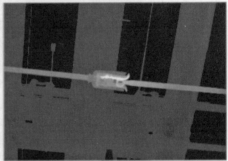

图 3-104 隔离开关刀口异常发热，刀口弹簧压接触不良

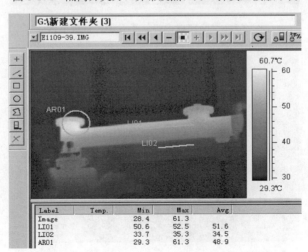

图 3-105 110kV GIS I 回隔离开关过热图谱

十一、断路器红外热像检测

断路器是电力系统中最重要的设备之一，它用于开断正常运行条件下的电流和系统故障条件下的短路电流，断路器性能的好坏直接影响电力系统运行的可靠性和安全性。断路器按照灭弧介质可分为 SF_6 断路器、油断路器、真空断路器等，SF_6 断路器一般由本体、均压电容器、机构、控制回路等部件组成。红外检测高压断路器发现的缺陷通常为电流致热型缺陷，见图 3-106～图 3-109。

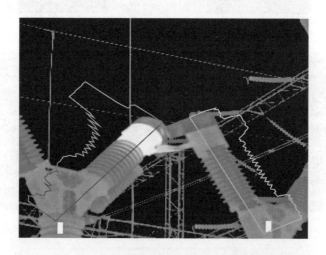

图 3-106　断路器内静触头发热，接触不良

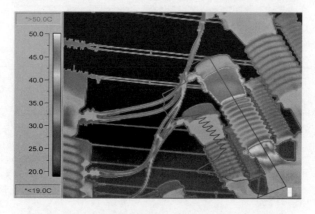

图 3-107　中相断路器内中间触头发热，接触不良

图 3-108 断路器支柱发热，支柱瓷套污秽

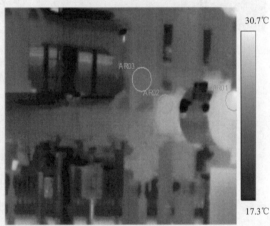

(a) 内部断路器触头状况图   (b) GIS热像图

图 3-109 一变压器间隔

注：AR01：30.7℃；AR02：25.1℃；AR03：21.9℃。

十二、电抗器红外热像检测

电抗器作为无功补偿手段，在电力系统中是不可缺少的。按接法可分为并联电抗器和串联电抗器，并联电抗器是并联连接在系统上的电抗器，主要用以补偿电容电流，串联电抗器与电容器组串联连接在一起，用以限制开关操作时的涌流及消除高次谐波电流。按结构可分为油浸式电抗器和干式电抗器。通过红外检测较容易发现接点发热缺陷，对干式电抗器，还可以发现匝间短路等综合致热型缺陷。

并联电容器常见的红外检测发热缺陷图见图 3-110。

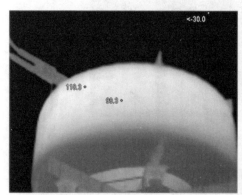

(a) 高温热图   (b) 起火燃烧

图 3-110　干式电抗器本体异常

十三、发电机红外热像检测

发电机过热的原因与处理方法：

（1）发电机的三相负荷电流不平衡，过载的一相绕组会过热；若三相电流之差超过额定电流的 10％，即属于严重三相电流不平衡，三相电流不平衡会产生负序磁场，从而增加损耗，引起磁极绕组及套箍等部件发热。应调整三相负荷，使各相电流尽量保持平衡。

（2）发电机没有按规定的技术条件运行，如定子电压过高，铁损增大；负荷电流过大，定子绕组铜损增大；频率过低，使冷却风扇转速变慢，影响发电机散热；功率因数太低，使转子励磁电流增大，造成转子发热。应检查监视仪表的指示是否正常。如不正常，要进行必要的调节和处理，使发电机按照规定的技术条件运行。

（3）进风温度过高或进水温度过高，冷却器有堵塞现象。应降低进风或进水温度清除冷却器内的堵塞物。在故障未排除前，应限制发电机负荷，以降低发电机温度。

（4）定子绕组的并联导线断裂，使其他导线的电流增大而发热。应立即停机进行检修。

（5）风道被积尘堵塞，通风不良，造成发电机散热困难。应清除风道积尘、油垢、使风道畅通无阻。

（6）轴承加润滑脂过多或过少，应按规定加润滑脂，通常为轴承室的 $1/3\sim1/2$（转速低的取上限，转速高的取下限），并以不超过轴承室的 70％为宜。

（7）轴承磨损。若磨损不严重，使轴承局部过热；若磨损严重，有可能使定子和转子摩擦，造成定子和转子局部过热。应检查轴承有无噪音，若发现定子和转子摩擦，应立即停机进行检修或更换轴承。

（8）定子铁芯绝缘损坏引起片间短路，造成铁芯局部的涡流损失增加而发热，严重时会使定子绕组损坏。应立即停机进行检修。

发电机常见的红外检测发热缺陷图见图 3-111～图 3-114。

图 3-111　发电机集电环过热典型红外图

十四、SF_6 气体泄漏检测

SF_6 气体是强负电性气体，即捕获自由电子形成负离子的倾向较强。

在温度 20℃下，SF_6 气体具有高绝缘强度 ［压力小于 0.2MPa 的击穿电压为 89kV/（MPa·mm）］、高灭弧能力和高散热性（SF_6 的散热系数是空气的 1.65 倍）。通过检测运行 SF_6 电气设备的分解产物，可成功判断绝缘沿面缺陷、套管分解产物异常、悬浮电位放电、固体绝缘异常发热等潜伏性缺陷，也实现事故后的设备故障气室定位。常见的红外检漏异常图谱见图 3-115～图 3-118。

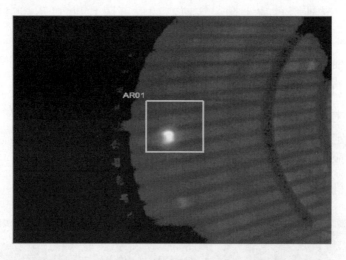

图 3-112　定子铁芯磁化试验铁芯过热点典型红外图

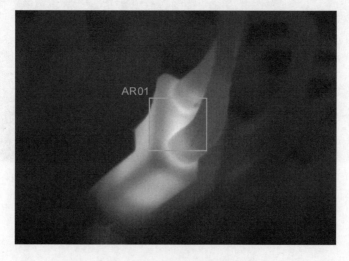

图 3-113　发电机定子绕组焊接头缺陷典型红外图

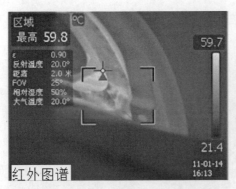

图 3-114　转子匝间短路故障点典型红外图

图 3-115　电流互感器顶部螺栓 SF_6 泄漏

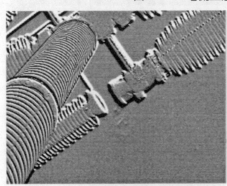

图 3-116　断路器断口电容 SF_6 泄漏

十五、其他配电设备红外检测

　　配电是在电力系统中直接与用户相连并向用户分配电能的环节。配电系统由配电变电所、高压配电线路、配电变压器、低压配电线路以及相应的控制保护设备组成。多数接头类设备接触不良便会引起比较明显的异常发热。

图 3-117　泄漏在红外图中可看到烟雾气体

图 3-118　GIS 内互感器单元 SF_6 泄漏

配电设备常见的红外检测异常图谱见图 3-119～图 3-122。

图 3-119　配电变压器高负载发热

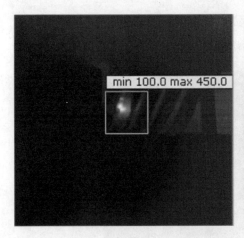

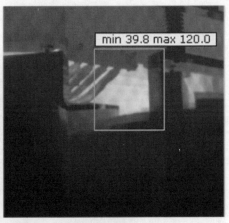

(a) 异常　　　　　　　　　　　　　　　　　　(b) 正常

图 3-120　35kV 干式配电变压器铁芯局部短路热点

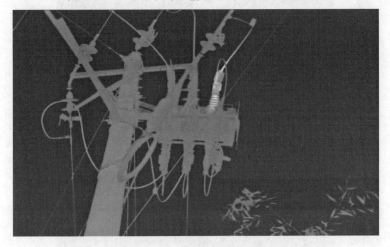

图 3-121　10kV 柱上断路器异常发热

十六、二次端子红外检测

二次设备是对一次设备进行控制、调节、保护和监测的设备，它包括控制器具、继电保护和自动装置、测量仪表、信号器具等。二次设备按照一定的规则连接起来以实现某种技术要求的电气回路称为二次回路。二次回路的内容包括变电站一次设备的控制、调节、继电保护和自动装置、测量和信号回路以及操作电源系统。电力系统还包括为保证其安全可靠运行

189

的继电保护和安全自动装置，调度自动化和通信等辅助系统。

二次设备常见的红外检测异常图谱见图 3-123～图 3-125。

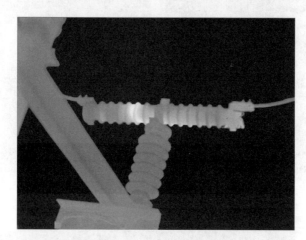

图 3-122 高压熔断器异常发热

图 3-123 线路保护屏端子排异常热图

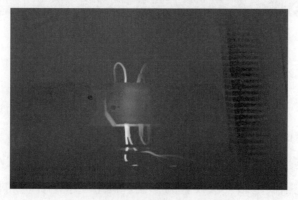

图 3-124 电能表屏端子排过热图

图 3-125　端子箱接线端子异常发热图

十七、GIS 红外检测

GIS（GAS insulated SWITCHGEAR）是气体绝缘全封闭组合电器的英文简称。GIS 由断路器、隔离开关、接地开关、互感器、避雷器、母线、连接件和出线终端等组成，这些设备或部件全部封闭在金属接地的外壳中，在其内部充有一定压力的 SF_6 绝缘气体，故也称 SF_6 全封闭组合电器。

该导则中缺少对 GIS 温度异常的诊断和分析方法，这里提出一些意见供参考。GIS 发热主要分为内部发热和外部发热。内部发热主要是接头接触不良引起（温差较大），也有局部放电形成的轻微发热（热像仪通过检测外部罐体温差几乎无法发现）；外部发热主要是涡流、环流等电磁效应引起的发热，多发生在转角、螺栓部位。

对于 GIS 内部发热，从红外检测原理来说红外线不具备穿透性，无法精确测得内部温度，结合现场检测经验，GIS 内外温差可以达到 50～70K。但通过热传导、对流，测 GIS 表面温度也可以从侧面反映内部的一些温度变化，当外部温差达到几 K 的时候要引起足够的重视。SF_6 气体对流性强，对于设备内部接头发热，往往上部的温度要高一些。要求检测人员熟悉 GIS 内部结构，可根据发热部位具体对应到内部结构件。图 3-126 为

191

GIS罐体发热，上下温差达到6K，从表面看发热部位不在法兰部位，没有复杂结构形成涡流，初步判断为内部发热。结合图3-127结构图所知，发热部位为接头部位，判断为内部接头发热。

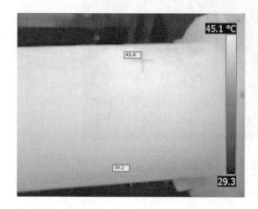

图 3-126　罐体发热

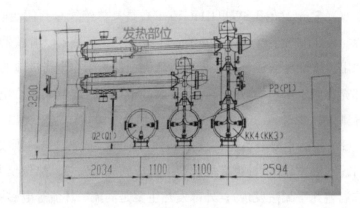

图 3-127　结构图

下面再来看一个 GIS 外部发热的案例。图 3-128 发热部位在转角的法兰处，内部没有接头，同时螺栓温度较高，判断为涡流效应引起的发热。从可见光照片可知此处已经做了短接处理，效果不是很理想。建议检查螺栓的松紧和锈蚀，短接片做打磨处理。一般 GIS 内部发热在罐体表面往往表现为发热区域较大，而外部发热往往有明显的一个热点，如螺栓。

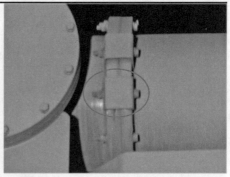

图 3-128 螺栓发热

附录

红外诊断相关
介绍视频链接

红外热像仪选型

红外热像仪维护保养

红外热像仪检验辅导

红外热像仪性能参数测试

红外热像仪设置及操作

SF₆ 气体红外检漏操作

检测注意事项及方法

缺陷案例分析